Fritz Kammermeyer, Roland Zerpies

Statistik

Pocket Thema

Cornelsen
SCRIPTOR

Die Autoren
Fritz Kammermeyer und Roland Zerpies unterrichten Mathematik an einem Gymnasium. R. Zerpies ist außerdem schulpsychologischer Berater.

Die in diesem Werk angegebenen Internetadressen haben wir überprüft (Redaktionsschluss 1.2.03). Dennoch können wir nicht ausschließen, dass unter einer solchen Adresse inzwischen ein ganz anderer Inhalt angeboten wird.

Cornelsen online http://www.cornelsen.de

Gedruckt auf chlorfrei gebleichtem Papier
ohne Dioxinbelastung der Gewässer.

Bibliografische Information
Die Deutsche Bibliothek verzeichnet diese Publikation in der Deutschen Nationalbibliografie; detaillierte bibliografische Daten sind im Internet über http://dnb.ddb.de abrufbar.

Dieses Werk berücksichtigt die Regeln der reformierten Rechtschreibung und Zeichensetzung.

5. 4. 3. 2. 1.	Die letzten Ziffern bezeichnen
07 06 05 04 03	Zahl und Jahr der Auflage.

Redaktion: Stefan Giertzsch, Berlin
Herstellung: Julia Walch, Bad Soden
Umschlaggestaltung: Bauer + Möhring, Berlin
Sachzeichnungen: Rainer J. Fischer, Berlin
Druck und Bindearbeiten: Clausen & Bosse, Leck
Printed in Germany
ISBN 3-589-21653-0
Bestellnummer 216530

Inhalt

Vorwort

Wir leben in einer Zeit, in der wir mit Zahlen, Daten, Trends, Statistiken, Kurven und anderen graphischen Darstellungen regelrecht überschüttet werden.
Hier heißt es, einen klaren Kopf bewahren.
Dieser Pocket-Themen-Band Statistik hilft hier weiter.
Ohne große mathematische Vorkenntnisse wird mit vielen alltäglichen Beispielen sachkundig und trotzdem leicht lesbar aufgezeigt, wie in der Statistik Informationen gewonnen, dargestellt, verarbeitet und analysiert werden.

Kursiv gesetzte Abschnitte kennzeichnen meist mathematische Ergänzungen für besonders Interessierte. Sie sind zum weiteren Verständnis nicht unbedingt erforderlich.

Wozu Statistik?

Ob Politik, Wirtschaft oder Freizeit: In allen gesellschaftlichen Bereichen haben wir es in der heutigen Zeit mit Massenerscheinungen zu tun.

Beispiele: Überalterung, Arbeitslosigkeit, Tourismus, Mega-Events (Fußballspiele, Formel-1-Rennen, Love-Parade, Open-Air-Konzerte), Modetrends, AIDS, Computerviren, Wahlen für den Bundestag oder das Europaparlament

Bei solchen Massenerscheinungen ist eine Menge von Personen oder Objekten, innerhalb der sie auftreten, von Interesse. Sie wird in der Statistik als ***Grundgesamtheit*** bezeichnet.

Beispiele: Bevölkerung, Arbeitnehmer, Jugendliche, Computer, Wahlberechtigte

Solche Massenerscheinungen werden durch so genannte ***statistische Erhebungen*** (Volksbefragung, Meinungsumfragen unter Wahlberechtigten, Verkehrszählungen) erfasst. Dabei werden einzelne Personen oder Objekte (Wahlberechtigte, Jugendliche, Computer) der festgelegten Grundgesamtheit auf die dabei interessierenden Eigenschaften, die so genannten ***Merkmale*** (Partei oder Politiker, Alter, Einkommen, Urlaubsziel, Betriebssystem), befragt oder untersucht.

Ohne Informationen aus solchen statistischen Erhebungen wie z. B. über das Alter der Bevölkerung, über das Verkehrsaufkommen, über Wirtschaftsdaten usw. sind **gewünschte**

und notwendige Vorhersagen und Planungen (Wahlergebnisse, Steuerschätzungen, Bedarf an Kindergartenplätzen) heute nicht mehr möglich.

In Fernsehen und Presse dienen Statistiken zur kompakten Information und Meinungsbildung. Statistiken werden aber auch zur Manipulation eingesetzt, indem sie bewusst oder auch unbewusst verfälscht dargeboten werden.

Grundüberlegungen bei statistischen Untersuchungen

Damit aus einer statistischen Untersuchung auch sinnvolle Schlüsse gezogen werden können, muss vor der eigentlichen Datenerhebung genau festgelegt werden, wofür die Informationen verwendet werden sollen. Aus diesen Überlegungen lässt sich dann ableiten, welche Informationen benötigt werden. Neben dieser inhaltlichen Beschränkung wird eine Untersuchung auch dem Umfang nach sowie zeitlich und räumlich eingegrenzt.

Umfang der untersuchten Gesamtheit

Im Idealfall umfasst eine statistische Erhebung alle Objekte der Grundgesamtheit. Eine solche *Vollerhebung* wird vor allem dann durchgeführt, wenn die Grundgesamtheit überschaubar und nicht zu groß ist.

Beispiele:

- Die Wahl der Klassensprecher oder die Abstimmung in der Klasse über das Ziel der Klassenfahrt sind Vollerhebungen in kleinen Grundgesamtheiten.
- Eine Volkszählung, also die Erhebung statistischer Daten bei der gesamten Bevölkerung eines Landes ist ebenfalls eine Vollerhebung, die (in bestimmten Abständen) notwendig wird und nicht durch Teilerhebungen ersetzt werden kann.

Oft ist eine Vollerhebung aber aus Kosten- und Zeitgründen nicht möglich, manchmal ist sie auch zur Erlangung der gewünschten Informationen gar nicht erforderlich, weil durch „geschickte" Teilbefragungen mit weniger Aufwand ebenfalls hinreichend sichere Aussagen gewonnen werden können. Weiter gibt es auch Situationen, in denen durch die Untersuchung sogar das Gesamtsystem massiv beeinflusst werden würde.

Beispiel: Untersuchung der Wasserqualität eines Badesees
Eine Vollerhebung ist hier unmöglich: Dazu müsste der See leergepumpt und die gesamte Wassermenge geprüft werden. Dies könnte kein Labor bewältigen. Zudem würde das Leerpumpen des Sees auch noch das Biotop des Badesees zerstören.

Im Allgemeinen ist die Beschränkung auf eine Teilmenge der Grundgesamtheit ausreichend. Bei einer ***Teilerhebung*** wird eine Auswahl, eine so genannte ***Stichprobe***, aus der Grundgesamtheit untersucht. Dieses Verfahren kennt man z. B. von Meinungsumfragen und Qualitätsuntersuchungen.

Grundannahme bei einer ***Teilerhebung***:
Ein gefundener ***Kennwert*** in der ***Stichprobe*** entspricht ungefähr dem tatsächlichen Wert in der ***Grundgesamtheit*** (und natürlich auch umgekehrt). Die Stichprobe wird als ungefähres Bild der Gesamtheit angesehen.

Für sichere Ergebnisse ist daher eine sinnvolle, planmäßige Auswahl einer Stichprobe wichtig. Die Auswahl erfolgt zufällig ***(Zufallsstichprobe)*** oder nach bestimmten Kriterien. Umfang und Art der Stichprobe werden so gewählt, dass ein Rückschluss auf die Grundgesamtheit möglich ist.

Beispiel: Untersuchung der Wasserqualität eines Badesees
Zufallsstichprobe: Der See wird in eine Vielzahl von Planquadraten eingeteilt. Durch ein Zufallsverfahren wird bestimmt, aus welchem Planquadrat jeweils eine Wasserprobe entnommen wird.
Kriterienbezogene Stichprobe: Der See wird in verschiedene Bereiche (Badeplatz, Bootsanlegestelle, Vogelreservat, ...) unterteilt. Aus jedem Bereich werden Wasserproben entnommen. Der Anteil einer Probe an der untersuchten Gesamtmenge entspricht dem Anteil des Bereichs am gesamten See.

Räumliche Beschränkung des Untersuchungsbereichs

Das vorige Beispiel zeigt, dass der Ort der Untersuchung für die Fragestellung von großer Bedeutung ist.

Beispiele:

- Untersuchung der Wasserqualität eines Badesees: Die Probe von der Badestelle wird möglicherweise zu einer anderen Entscheidung führen als die Probe an der Bootsanlegestelle.
- Befragung zur Beliebtheit des Fußballklubs Bayern München: Eine Befragung in München ergäbe sicher ein anderes Ergebnis als eine Befragung in Dortmund.

Zeitpunkte der Erhebung

Neben der Eingrenzung auf den Inhalt und den Umfang der Untersuchung ist auch die Wahl der Erhebungszeitpunkte von Bedeutung: Liegt eine einmalige Erhebung vor oder soll ein Verlauf beobachtet werden.

Beispiele:

- Untersuchung der Wasserqualität des Badesees: Für die Entscheidung, ob ein See zum Baden freigegeben werden kann, sind laufende Untersuchungen – z. B. regelmäßig ein Mal pro Woche – während der Badesaison sinnvoll. Einmalige Untersuchung z. B. zu Beginn des Badebetriebs oder gar im Winter ergeben für die Entscheidung zu wenig gesicherte Erkenntnisse.
- Befragung zur Beliebtheit des Fußballklubs Bayern München: Eine Befragung nach einem gewonnenen Heimspiel wird anders ausfallen als in der Sommerpause der Bundesliga.

Die Weiterverarbeitung der Erhebungsdaten

Mit der Erhebung der Daten werden über einen bestimmten Sachverhalt Informationen gesammelt. Die Menge dieser Informationen ist allerdings oft so groß, dass ein Überblick nur schwer möglich ist. Die weitere statistische Bearbeitung dieser Daten hat deshalb die Aufgabe, die Ergebnisse so zusammenzufassen und so darzustellen, dass z. B. bestimmte Strukturen oder Verläufe erkennbar werden, also **Übersicht** gewonnen wird.

Dabei entsteht allerdings ein Dilemma: Je mehr die Zusammenfassung der Daten zu einer guten Übersicht verhilft, desto mehr gehen Einzelinformationen verloren. Die ursprünglichen Ergebnisse verschwinden dann hinter statistischen Kennwerten, die oft nur für Fachleute verständlich sind.
Das Ziel einer statistischen Auswertung ist deshalb zum einen möglichst viel an grundlegenden Informationen zu erhalten und zum anderen den Überblick so zu verbessern, damit der Zweck der Untersuchung erreicht wird.

Eine ***statistische Untersuchung*** gliedert sich wie folgt:

- **Überlegungen zum Zweck** der Untersuchung
  (Informationsgewinn, Vorhersagen, Entscheidungen)
- **Auswahl** der Untersuchungsobjekte
  (Grundgesamtheit, Stichprobe)
- **Datenerhebung**
  (Befragung, Untersuchung, Analyse)
- **Datenerfassung und Datenaufbereitung**
  (Codieren und Datenbereinigung)
- **Datendarstellung**
  (Tabellen, Diagramme, Kenngrößen)
- **Datenanalyse**
  (Auswertung der gewonnenen Daten)

Die **Datenerhebung** und die **Darstellung der erhobenen Daten** in Tabellen, Diagrammen oder Kenngrößen zur Mustererkennung und Datenkomprimierung ist Aufgabe der ***Beschreibenden Statistik***.
Da eine Stichprobe eine Auswahl aus der Grundgesamtheit ist, liefert sie nur eine gewisse, aber keine vollständige und sichere Aussage über die Grundgesamtheit. Für notwendige Vorhersagen und Planungen sind jedoch möglichst genaue Daten der Grundgesamtheit erforderlich.
Die ***Beurteilende Statistik*** befasst sich mit dem Problem, **aus der Stichprobe möglichst sicher auf die Grundgesamtheit zu schließen.**

Beschreibende Statistik

1 Merkmale und Merkmalsausprägungen

Bei statistischen Erhebungen denkt man zunächst an das Befragen von Personen (Welche Partei würden Sie wählen, wenn am Sonntag Bundestagswahl wäre?), Ausfüllen eines Erfassungsbogens (Versicherungsantrag, Volkszählung) oder das Zählen von Gegenständen (Verkehrszählung).
Das Gewicht (bzw. richtiger die Masse) eines Neugeborenen wird jedoch gemessen, die Autofarbe unmittelbar gesehen und die Blutgruppe eines Menschen durch eine medizinische Untersuchung ermittelt. Man spricht deshalb besser allgemein von ***beobachten***, ***erheben*** oder ***erfassen***.
Bei ***statistischen Erhebungen*** werden bestimmte Eigenschaften oder Größen ***(Merkmale)*** erfasst, die bei allen interessierenden Objekten (der ***Grundgesamtheit***) vorhanden sind. Die Objekte der Grundgesamtheit werden deshalb auch ***Merkmalsträger*** genannt.

Beispiele:

Merkmalsträger	Neugeborene	Autos	Blutspender
Merkmal	Körpergewicht	Farbe	Blutgruppe

Wird nun eine Person bei einer Erhebung nach ihrem Geschlecht gefragt, so steht als Antwort nur ‚männlich' und ‚weiblich' zur Wahl. Ein Merkmal tritt bei Merkmalsträgern also in bestimmten ***Merkmalsausprägungen*** auf.

Beispiel: Erhebungsbogen einer Verkehrsbefragung

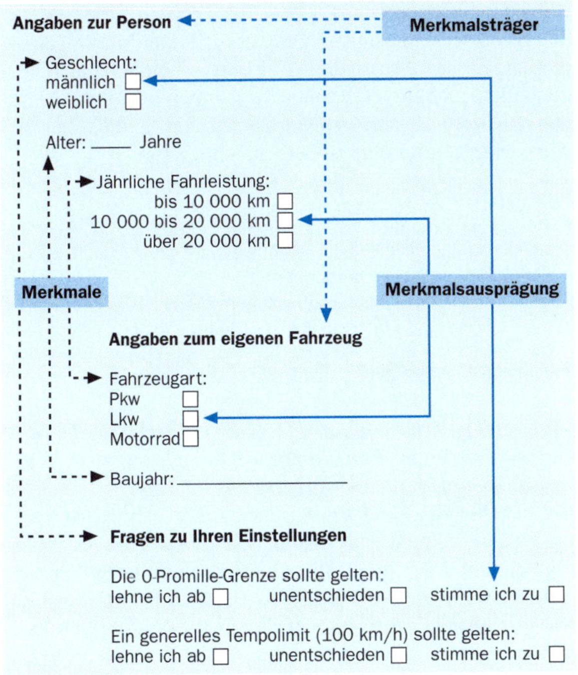

Beispiele aus dem Erhebungsbogen:

Merkmalsträger	**Merkmal**	**Merkmalsausprägungen**
Person	Geschlecht	w, m
Person	Alter	Alter in Jahren
Person	Jährliche Fahrleistung	bis 10 000 km; 10 000 km – 20 000 km; über 20 000 km
Fahrzeug	Fahrzeugart	Pkw, Lkw, Motorrad
Fahrzeug	Baujahr	Jahreszahl
Person	Einstellung zu einer Aussage	lehne ab; unentschieden; stimme zu

Dabei ist zu beachten, dass bei jeder Erfassung eines Merkmals eine Merkmalsausprägung zutrifft. Die Merkmalsausprägungen müssen also eindeutig unterscheidbar und im Allgemeinen auch unvereinbar sein. Können bei einem Merkmal mehrere Ausprägungen zutreffen, ist dies bei der Auswertung besonders zu berücksichtigen.

Beispiele:

- Bei einem Computer (Merkmalsträger) können z. B. zwei Betriebssysteme (Merkmal) installiert sein, etwa Windows und Linux (Merkmalsausprägungen).
- In einer Erhebung bei Kinobesuchern (Merkmalsträgern) wird nach bevorzugten Filmgenres (Merkmal) gefragt, wobei Mehrfachantworten möglich sind: Actionfilme, Dokumentarfilme, Liebesfilme, Fantasy, … (Merkmalsausprägungen).

Unter einer ***Variablen*** versteht man ein Merkmal, das – im Gegensatz zu einer ***Konstanten*** – in mindestens zwei Merkmalsausprägungen vorkommen kann.
Bei der Planung einer statistischen Untersuchung ist wichtig, welche Variablen als unabhängig und welche als abhängig betrachtet werden. Unter ***unabhängigen Variablen*** versteht man diejenigen Merkmale, deren Auswirkungen auf andere Merkmale der Untersuchung – die ***abhängigen Variablen*** – untersucht werden sollen.

Beispiel: Sind Frauen die besseren Autofahrer?
Bei dieser Fragestellung einer statistischen Untersuchung wird in der Grundgesamtheit der Auto fahrenden Personen das Merkmal „Geschlecht" als unabhängige Variable und z. B. das Merkmal „Anzahl der Unfälle pro Jahr" als abhängige Variable betrachtet. Eine weitere unabhängige Variable könnte das Alter sein.

Da die erfassten Daten hauptsächlich mit Computerprogrammen (z. B. SPSS) bearbeitet werden, ist eine so genannte ***Codierung*** der Rohdaten erforderlich. Dies kann in Form einer ***Datenmatrix*** geschehen, in der den Variablen Buchstaben (X, Y, Z) zugewiesen werden und die Rohdaten gegebenenfalls durch Zahlen codiert werden.

Beispiel: Datenmatrix

Laufende Nummer der Merkmalsträger	X (Geschlecht)	Y (Alter)	Z (Zahl der Unfälle)
1	0 (w)	32	1
2	1 (m)	19	3
3	1	49	0
4	0	66	0
5	1	29	2

Zusammenfassung: Bei ***statistischen Erhebungen*** werden an ausgewählten ***Merkmalsträgern*** (z. B. einer ***Stichprobe***) jeweils die Werte ***(Merkmalsausprägungen)*** eines oder mehrerer ***Merkmale*** erfasst. Zur Datenverarbeitung müssen diese Rohdaten ***codiert*** werden.

Beim ***Codieren*** der Merkmalsausprägungen ist darauf zu achten, dass sich die Beziehungen (empirischen Relationen) zwischen den Merkmalsträgern aufgrund ihrer Merkmalsausprägungen in den Relationen zwischen den entsprechenden Zahlen wiederfinden.

Beispiel: Bildungsabschluss

Keiner	Hauptschule	Abitur	Studium	Promotion
0	1	2	3	4

Je niedriger der Bildungsabschluss, desto kleiner die zugeordnete Zahl.

Wie genau man die Beziehung zwischen den Merkmalsträgern angeben kann, hängt von den untersuchten Merkmalen und der verwendeten ***Skala*** (↗ S. 16 ff.) ab.

2 Skalen

Im Alltag versteht man unter einem Messvorgang den Vergleich mit einem Maßstab und man ist gewohnt, das Ergebnis der Messung auf einer *Skala* darzustellen.

Einteilung in °Celsius und in °Fahrenheit

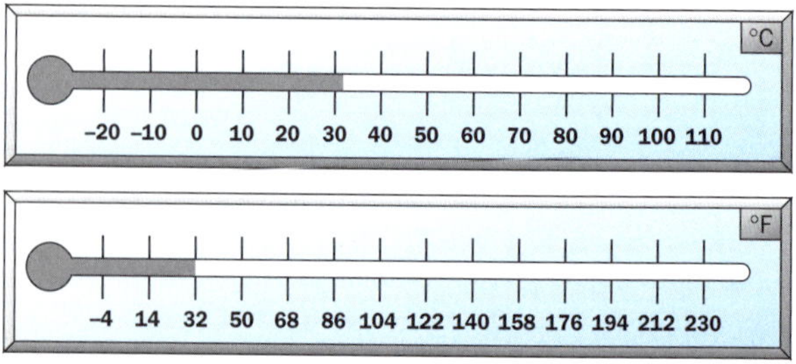

In der Statistik wird diese Anordnung entlang einer Skala übernommen. Die jeweils verwendete Skala muss dabei die Beziehungen abbilden, die zwischen den Merkmalsausprägungen bestehen. Dadurch werden verschiedene Arten von Skalen oder *Skalenniveaus* unterschieden. Bei der Weiterverarbeitung der Daten (Codierung, Berechnung von statistischen Kennwerten, ...) muss beachtet werden, welche Transformationen bei den einzelnen Skalen zulässig sind.

Nominalskala: Die Objekte werden bezüglich des Merkmals verschiedenen Kategorien (Eigenschaften) zugeordnet. Die Merkmalsausprägungen dienen nur der **Unterscheidung**, zwischen den Ausprägungen besteht keine Rangfolge.

Beispiele: Geschlecht (weiblich, männlich); Autofarbe; Fahrzeugart

Nominalskala zum Familienstand

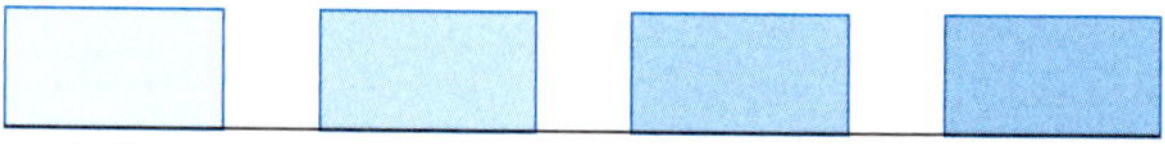

Als Transformationen der Merkmalsausprägungen sind hier nur Umbenennungen – dazu gehört auch die Codierung durch Zahlenwerte – zulässig.

Ordinalskala oder *Rangskala:* Zusätzlich zur Verschiedenartigkeit können die Objekte bezüglich des Merkmals in eine **Rangfolge** gebracht werden.

Beispiele:
- Jährliche Fahrleistung: 1 Wenig-, 2 Normal-, 3 Vielfahrer
- Dienstgrad bei der Marine: 1 Matrose, ..., 6 Steuermann, ..., 12 Kapitän, ..., 18 Admiral
- Schulnoten: 6 – 5 – 4 – 3 – 2 – 1

Durch die Rangplätze wird bei der Ordinalskala nur eine Reihenfolge festgelegt. Die Abstände unter den einzelnen Rängen haben keine Bedeutung, zwischen den verschiedenen Rangplätzen können also die Abstände durchaus unterschiedlich sein, sie werden nicht weiter interpretiert.

Beispiele: Reihenfolge der Zeiten beim Zieleinlauf im 100-m-Lauf:
1. 11,8 s, 2. 12,4 s, 3. 12,5 s, 4. 12,9 s.

Zulässig sind hier Transformationen, welche die Reihenfolge erhalten. Beim Codieren müssen den Merkmalsausprägungen deshalb Zahlenwerte so zugeordnet werden, dass die Anordnung erhalten bleibt.

Intervallskala: Die Objekte können bezüglich des Merkmals nicht nur in eine Rangfolge gebracht werden, sondern es existiert auch ein **Abstand** bei den Merkmalsausprägungen, der sinnvoll interpretiert werden kann.

Beispiele: Baujahr eines Fahrzeugs; Zimmertemperatur in °C

Bei der Intervallskala sind solche Transformationen der Merkmalsausprägung zulässig, bei denen die Abstände interpretierbar bleiben.

Beispiel: Umrechnung von Zimmertemperaturen von °C in die in den USA übliche Einheit °F (Fahrenheit) nach der Formel:

Temperatur in °F = 1,8 · Temperatur in °C + 32

Temperatur in °C	15	20	22,5	25
Temperatur in °F	59	68	72,5	77

Beziehungen zwischen den Abständen der Temperaturangaben bleiben erhalten:
Gleiche Differenzen in der oberen Zeile
($20 - 15 = 25 - 20 = 5$)
ergeben auch gleiche Differenzen in der unteren Zeile
($68 - 59 = 77 - 68 = 9$).
Ein doppelter Unterschied in der oberen Zeile
($20 - 15 = 5$ gegenüber $22{,}5 - 20 = 2{,}5$)
bleibt auch in der unteren Zeile erhalten
($68 - 59 = 9$ gegenüber $72{,}5 - 68 = 4{,}5$).
Allgemein gilt: Bei der Intervallskala ist jede beliebige lineare Transformation $y = mx + t$ der Werte zulässig.

Verhältnisskala: Das Merkmal der betrachteten Objekte hat zusätzlich einen **natürlichen Nullpunkt**. Somit lassen sich auch sinnvolle Aussagen über Verhältnisse der Merkmalsausprägungen wie „Der Wert x_1 ist doppelt, dreimal, … so groß wie der Wert x_2." machen.

Beispiele: Entfernung zwischen Wohn- und Arbeitsstätte in km; Körpergröße in cm; Gewicht in kg; Alter in Jahren

Bei der Verhältnisskala sind Transformationen der Form $y = mx$ für die Werte zulässig.

Eine besondere Form der Verhältnisskala ist die ***absolute Skala:*** Von einer absoluten Skala spricht man dann, wenn für das Merkmal eine natürliche Einheit vorliegt, insbesondere wenn das Merkmal abgezählt wird.

Beispiele: Kinderzahl einer Familie; Zahl der Fluggäste; Anzahl der Bäume in einer Obstplantage

Merkmalsarten

Die verwendete Skala legt die Bezeichnung der erhobenen (Daten) Merkmale fest. Man spricht dann z. B. von nominalskalierten Daten, Ordinaldaten, Daten auf Intervallniveau usw.
Merkmale auf Nominal- oder Ordinalniveau wie Geschlecht oder Schulabschluss, deren Ausprägungen sich in ihrer Eigenschaft, in der „Qualität" unterscheiden, werden deshalb auch ***qualitative Merkmale*** genannt.
Merkmale mit Intervall- oder Verhältnisskala lassen sich messen oder abzählen. Hier werden die Ausprägungen immer durch die entsprechenden Maßzahlen angeben. In einem solchen Fall liegt ein ***quantitatives*** oder ***metrisches Merkmal*** vor. Die zugehörigen Skalen (Verhältnisskala und Intervallskala) heißen deshalb auch ***metrische Skalen***. Viele statistische Berechnungen erfordern das Vorliegen einer metrischen Skala.

Anmerkung: Da Schulnoten nur Daten auf Ordinalniveau darstellen, sie also keine metrischen Daten sind, ist streng genommen die Berechnung eines „Notendurchschnitts" nicht zulässig. Wenn man es dennoch macht, setzt man stillschweigend voraus, dass die Abstände zwischen den Notenwerten gleich sind.

Ein quantitatives Merkmal, dessen Ausprägungen nur isolierte Werte annehmen können, da sie z. B. durch Abzählen erfasst werden, nennt man ein ***diskretes Merkmal***. Können alle Werte eines bestimmten Zahlenintervalls angenommen werden, so liegt ein ***stetiges Merkmal*** vor.

Beispiele:
- Qualitative Merkmale:
  Geschlecht, Religionszugehörigkeit, Zeugnisnoten
- Quantitative, diskrete Merkmale:
  Kinderzahl einer Familie, Einwohnerzahl einer Stadt
- Quantitative, stetige Merkmale:
  Körpergröße, Pulsfrequenz, Einkommen

3 Aufbereitung von Stichprobenwerten

Listen

Werden die Merkmalsausprägungen *(Stichprobenwerte)* eines Merkmals so notiert, wie sie sich bei der statistischen Erhebung nacheinander ergeben, dann nennt man das Ergebnis eine ***Urliste***.

Beispiel: Alter der Teilnehmer eines Skikurses (in Jahren)
Urliste: 17, 17, 19, 18, 17, 18, 19, 18, 18, 17, 20, 18, 17, 19, 17, 16, 19, 18, 18, 18.

Das Merkmal „Alter in Jahren" tritt hier bei den 20 Stichprobenwerten in den 5 Merkmalsausprägungen 16, 17, 18, 19 und 20 auf.
Die einfachste Aufbereitung der durch die Urliste gegebenen Stichprobenwerte ist die ***Strichliste***.

Beispiel: Altersverteilung des Skikurses:

Alter	16	17	18	19	20
	I	𝍸 I	𝍸 III	IIII	I
	1	6	8	4	1

Häufigkeiten

Die Merkmalsausprägung 17 kommt in der Urliste mit 20 Stichprobenwerten 6-mal vor. Man sagt: 17 hat die ***absolute Häufigkeit*** 6. Die absolute Häufigkeit einer Merkmalsausprägung gibt also an, wie oft diese Merkmalsausprägung unter den Stichprobenwerten vorkommt.

Beispiel: In einem zweiten Skikurs sind von 28 Teilnehmern 7 Teilnehmer 17 Jahre, 8 Teilnehmer 18 Jahre, 11 Teilnehmer 19 Jahre und 2 Teilnehmer sind 21 Jahre alt.

Will man beide Skikurse hinsichtlich der Altersverteilung vergleichen, muss man auch die unterschiedlichen Gesamtteilnehmerzahlen berücksichtigen. Dazu teilt man die absoluten Häufigkeiten jeweils durch die Gesamtzahl, so erhält man die ***relativen Häufigkeiten*** der Merkmalsausprägungen. Die werden oft in Prozent angegeben, d. h. auf 100 bezogen. (Zur Erinnerung: 1 % = 1/100 = 0,01)

Beispiele:
Skikurs 1: Alter 16: 1 : 20 = 0,05 = 5 %;
Alter 17: 6 : 20 = 0,30 = 30 %; usw.
Skikurs 2: Alter 16: 0 : 28 = 0,00 = 0 %;
Alter 17: 7 : 28 = 0,25 = 25 %; usw.

Nicht immer gehen die Rechnungen einfach auf. So erhält man für das Alter 18 Jahre im Skikurs 2:
8 : 28 = 0,28571428... ≈ 0,29 = 29 %
In solchen Fällen rundet man das Ergebnis z. B. auf zwei Stellen hinter dem Komma, d. h. auf ganze Prozente.
So erhält man diese Altersverteilung der beiden Skikurse:

	Skikurs 1		**Skikurs 2**	
Alter	**absolute Häufigkeit**	**relative Häufigkeit**	**absolute Häufigkeit**	**relative Häufigkeit**
16	1	5 %	0	0 %
17	6	30 %	7	25 %
18	8	40 %	8	29 %
19	4	20 %	11	39 %
20	1	5 %	0	0 %
21	0	0 %	2	7 %
Summe	20	100 %	28	100 %

Eine solche Tabelle, in der den Merkmalsausprägungen ihre Häufigkeiten zugeordnet werden, heißt ***Häufigkeitstabelle***.

Bei Merkmalen, deren Merkmalsausprägungen (Stichprobenwerte) sich in eine Rangfolge bringen lassen (↗ Skalen S. 16 ff.), kann man auch ***Summenhäufigkeiten*** bilden. Dies ist bei Daten auf Original-, Intervall- und Verhältnisniveau möglich. Dazu werden die absoluten bzw. relativen Häufigkeiten bis zur jeweiligen Merkmalsausprägung addiert.

Häufigkeitstabelle für den Skikurs 1

Alter	absolute Häufigkeit	absolute Summenhäufigkeit	relative Häufigkeit	relative Summenhäufigkeit
16	1	1	5 %	5 %
17	6	1 + 6 = 7	30 %	35 %
18	8	7 + 8 = 15	40 %	75 %
19	4	15 + 4 = 19	20 %	95 %
20	1	19 + 1 = 20	5 %	100 %

So liest man die Tabelle: 15 Skikursteilnehmer bzw. 40 % der Teilnehmer sind „bis 18 Jahre" alt.
Die Summe aller absoluten Häufigkeiten ergibt immer die Gesamtzahl der Stichprobe, die Summe aller relativen Häufigkeiten ergibt 100 % = 1.
Durch Rundungsfehler kann es hier allerdings zu minimalen Abweichungen kommen.

Beachte: Diese „100 %-Regel" gilt nicht, wenn ein Merkmal mehrere Merkmalsausprägungen annehmen kann. Bei Umfrageauswertungen steht deshalb oft: „Mehrfachnennungen möglich".

Beispiel: „Was sind die größten Probleme der Regierung?"

Abbau der Schulden	53 %
Bekämpfung der Arbeitslosigkeit	39 %
Lösung der Rentenfrage	35 %

Kategorisierung

Häufig werden verschiedene Merkmalsausprägungen eines Merkmals zu einer ***Kategorie (Klasse)*** zusammengefasst. Man spricht dann von einer ***Kategorisierung (Klassierung*** bzw. ***Klassifizierung)*** der Stichprobenwerte und ***gruppierten Daten***.
So interessiert bei den beiden Skikursen z. B. nur, ob die Teilnehmer volljährig sind oder nicht.

Skikurs 1:

Kategorie	absolute Häufigkeit	relative Häufigkeit
nicht volljährig	7	35 %
volljährig	13	65 %

Skikurs 2:

Kategorie	absolute Häufigkeit	relative Häufigkeit
nicht volljährig	7	25 %
volljährig	21	75 %

Beide Skikurse haben zwar gleich viele Teilnehmer (7), die nicht volljährig sind, aber Skikurs 1 hat relativ mehr, nämlich 35% gegenüber 25% in Skikurs 2.

Weitere Beispiele für Kategorisierungen:

- Die Einteilung in Einkommensklassen bei Konsumbefragungen.
- Die Zuordnung von Punkten zu Schulnoten in der Kollegstufe.
- Die Einteilung in Klassen der jährlichen Fahrleistung bei der Kfz-Haftpflichtversicherung.

Eine Kategorisierung ist immer dann angebracht, wenn ein Merkmal in sehr vielen Ausprägungen auftritt. Sie verbessert dann den Überblick.
Wie viele Klassen gebildet werden ist zunächst willkürlich. Es haben sich aber gewisse Regeln gebildet:

Mathematische Faustregeln:
Für die Anzahl k der Klassen bei einem Stichprobenumfang n sollte gelten:
$k \leqq \sqrt{n}$
$k \approx 1 + 3{,}3 \cdot \log_{10}(n)$ *(Formel von Sturges)*

Die Anzahl der Klassen soll 20 nicht übersteigen, sonst wird es wieder zu unübersichtlich.

Wird den Klassen eine Breite zugeordnet (bei metrischen Skalen möglich), sollten die Klassen gleiche Breite haben.

Beispiel: Einkommensverteilung bei 4000 Personen

Einkommen in 1000 Euro	Klassenmitte in 1000 Euro	absolute Häufigkeit	relative Häufigkeit
[0,10)	5	20	0.005
[10,20)	15	800	0.200
[20,30)	25	1860	0.465
[30,40)	35	680	0.170
[40,50)	45	220	0.055
[50,60)	55	140	0.035
[60,70)	65	120	0.030
[70,80)	75	80	0.020
[80,90)	85	60	0.015
[90, 100)	95	20	0.005
Summe		4000	1.000

Anmerkungen zur Tabelle: Die Schreibweise [10, 20) bedeutet alle Zahlen zwischen 10 und 20, 10 eingeschlossen und 20 ausgeschlossen. Die einheitliche Klassenbreite ist hier 10 000 Euro. Die relativen Häufigkeiten werden hier als Dezimalzahlen abgegeben.

Eine Klassenzusammenlegung verschafft mehr Übersicht.

Beispiel: Einkommensverteilung bei 4000 Personen

Einkommen in 1000 Euro	Klassenmitte in 1000 Euro	absolute Häufigkeit	relative Häufigkeit
[0,20)	10	820	0,205
[20,40)	30	2540	0,635
[40,60)	50	360	0,090
[60,80)	70	200	0,050
[80,100)	90	20	0,025
Summe		4000	1.000

4 Graphische Darstellungen

In Tabellen kann jeder Merkmalsausprägung ihre (absolute oder relative) Häufigkeit zugeordnet werden, man erhält so eine Häufigkeitsverteilung des Merkmals. Tabellen sind jedoch wegen der Menge an Zahlen oft unübersichtlich und wenig anschaulich. Damit die Ergebnisse einer statistischen Untersuchung visuell schneller erfasst werden können und auch einprägsamer werden, überträgt man Tabellen in grafische Darstellungen.
Eine Fülle von Diagrammarten stehen zur Auswahl: Stabdiagramm, Piktogramm, Rechteckdiagramm, Kartogramm, Histogramm, Kurvendiagramm. Die Art des Diagramms wird je nach Zweck der Darstellung gewählt.

Stabdiagramme

Am häufigsten werden ***Stabdiagramme*** (oder ***Säulendiagramme***) verwendet. Sie sind für alle Häufigkeitsverteilungen unabhängig vom Skalenniveau (↗ S. 16) der Daten einsetzbar. Stabdiagramme ermöglichen einen schnellen Vergleich der Merkmalsausprägungen „auf einen Blick“.

Beispiel: Befragung von 800 Schülerinnen und Schülern einer Schule über das benutzte Verkehrsmittel auf dem Schulweg

Verkehrsmittel	Anzahl	Prozentsatz
Bus	304	38 %
Zug	128	16 %
Pkw	64	8 %
Fahrrad	192	24 %
zu Fuß	112	14 %
Summe	800	100 %

Da ein qualitatives Merkmal auf einer Nominalskala vorliegt, werden die einzelnen Stäbe unverbunden nebeneinander gestellt. Alle Stäbe besitzen dieselbe (beliebige) Breite, die Länge eines Stabes ist proportional zur Häufigkeit der

Merkmalsausprägung. Die eingezeichnete (vertikale) Achse mit einer geeigneten Unterteilung erlaubt eine ungefähre Abschätzung der Ergebnisse.

Beispiel:
Verkehrsmittel auf dem Schulweg (absolute Häufigkeiten)

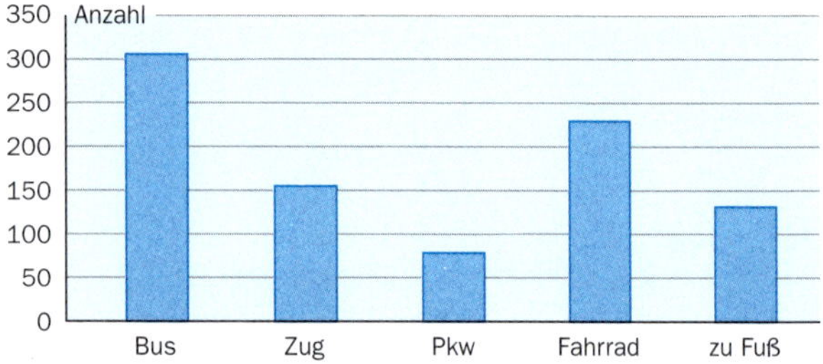

Statt der absoluten Häufigkeiten der Merkmalsausprägungen können auch die relativen Häufigkeiten (z. B. in Prozent) angegeben werden. Dies erleichtert die Abschätzung von Größenordnungen und ermöglicht Vergleiche mit anderen Daten.

Beispiel:
Verkehrsmittel auf dem Schulweg (relative Häufigkeiten)

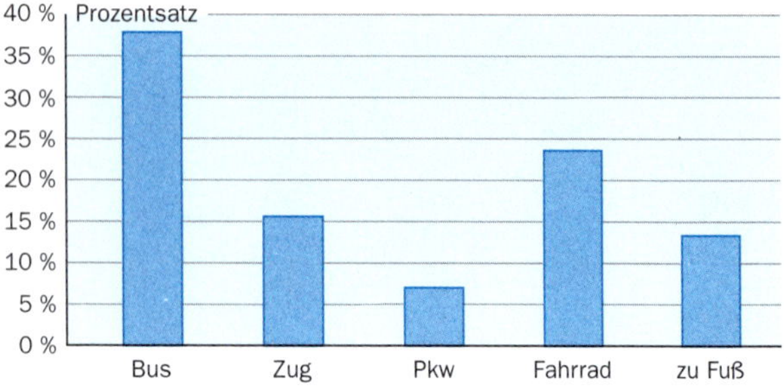

Die Stäbe in beiden Diagrammen sind hier gleich lang, es ändert sich nur die Beschriftung der vertikalen Achse.

Piktogramme

Manchmal werden statt der Balken graphische Symbole *(Piktogramme)* verwendet, um den Sachverhalt besonders visuell hervorzuheben.
Zum Beispiel könnten bei Angaben über Personen kleine Figuren gezeichnet werden (s. Abb. rechts).
Die Anzahl der Figuren muss dann proportional zur Häufigkeit der Merkmalsausprägung sein.

Beispiel: Verkehrsmittel auf dem Schulweg (absolute Häufigkeiten)

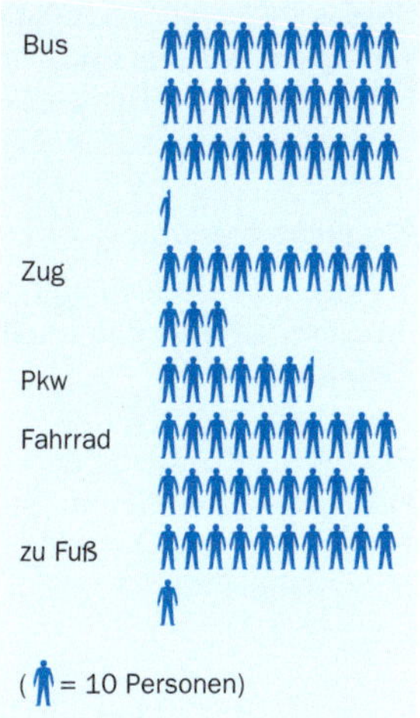

Zwischenwerte können durch Teilfiguren angedeutet werden.

Piktogramme bergen allerdings die Gefahr, dass durch eine besonders originelle Gestaltung von der eigentlichen Aussage der graphischen Darstellungen zu sehr abgelenkt wird.

Rechteckdiagramme

Werden die einzelnen, gleich breiten Stäbe eines Diagramms aneinander gereiht und zu einem einzigen Balken zusammengefügt, so erhält man ein ***Rechteckdiagramm*** *(*oder ***Flächendiagramm****).*

Beispiel:
Verkehrsmittel auf dem Schulweg (relative Häufigkeiten)

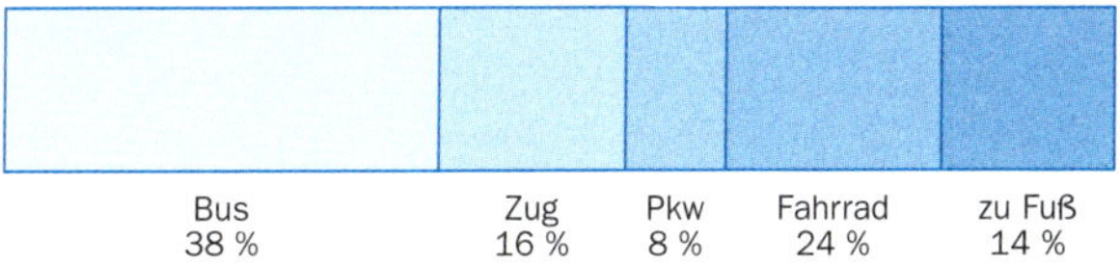

Bei einem Rechteckdiagramm ist die Fläche eines Feldes zur Häufigkeit der Merkmalsausprägung proportional. Da alle Felder die gleiche Breite besitzen, ist natürlich auch die Länge eines Feldes ein Maß für die jeweilige Häufigkeit.

Kreisdiagramme

Werden die einzelnen Merkmalsausprägungen durch Sektoren eines Kreises dargestellt, erhält man ein so genanntes ***Kreisdiagramm***.

Bei einem Kreisdiagramm ist die Fläche eines Feldes zur Häufigkeit einer Merkmalsausprägung proportional. Da alle Felder den gleichen Radius besitzen, ist auch der Mittelpunktswinkel eines Feldes ein Maß für die jeweilige Häufigkeit.

Kreisdiagramme sind besonders dann aussagekräftig, wenn Gruppen von Merkmalsausprägungen miteinander verglichen werden sollen.

Beispiel: Verkehrsmittel auf dem Schulweg (relative Häufigkeiten)

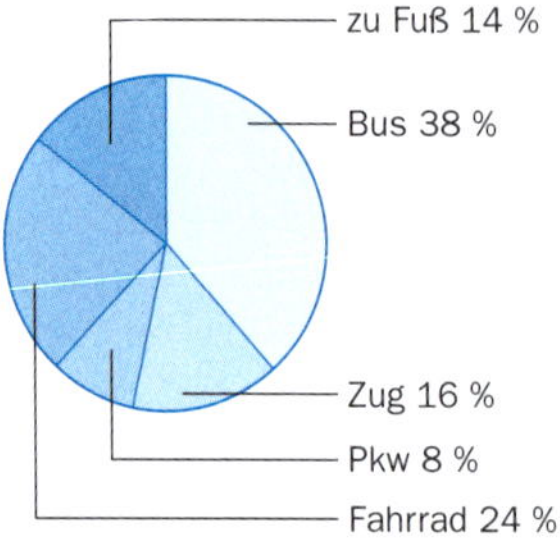

Vergleich von Klassen der Merkmalsausprägungen:
Im obigen Kreisdiagramm kann man leicht erkennen, dass über die Hälfte der Schülerinnen und Schüler mit öffentlichen Verkehrsmitteln (Bus, Zug) zur Schule kommt, während ein Viertel das Fahrrad benutzt.
Der Vergleich einzelner Felder ist im Kreisdiagramm dagegen manchmal schwierig, besonders dann, wenn sie sich in der Größe nur unwesentlich unterscheiden oder ungünstig zueinander liegen. Hier sind Stabdiagramme übersichtlicher.

Kartogramme

Beziehen sich die erhobenen Daten auf ein geographisches Gebiet, so können die Werte einer Merkmalsausprägung direkt in einer Landkarte durch farbliche Hervorhebungen in Form eines ***Kartogramms*** dargestellt werden. Diese Darstellung ist zwar mit einem großen Verlust an Genauigkeit verbunden, die Anschaulichkeit ist dagegen besonders hoch.

Beispiel: Bodennutzung in Deutschland, Landwirtschaftsfläche im Jahr 2001 (Quelle: Statistisches Bundesamt 2002)

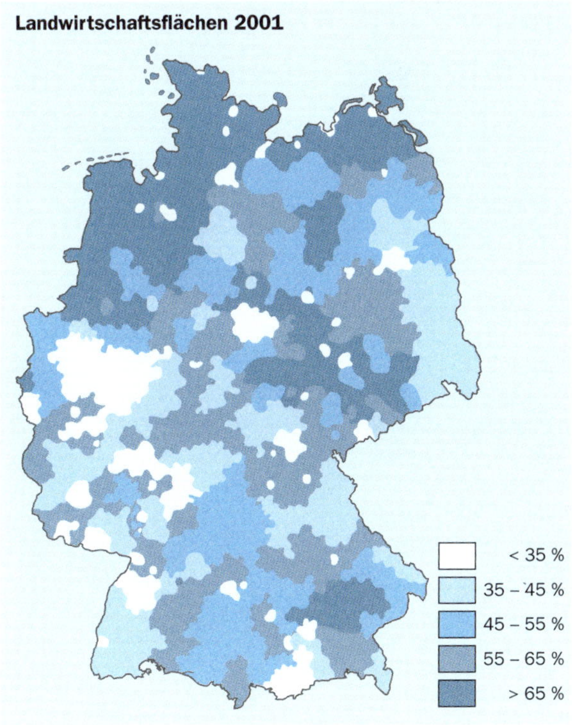

Histogramme

Liegt ein Merkmal mit quantitativer Ausprägung vor (z. B. Alter), so werden die Häufigkeiten der einzelnen Ausprägungen durch Rechtecke dargestellt. Die Breite der Rechtecke ist durch die „Breite" der jeweiligen Ausprägung festgelegt. Die Fläche der Rechtecke wird dann so gewählt, dass sie proportional zur veranschaulichten Häufigkeit ist. Stoßen die dargestellten Ausprägungen aneinander, so gilt dies auch für die Rechtecke. Das entstehende Diagramm heißt ***Histogramm***.

Beispiel: Altersverteilung im Skikurs 1(↗ S. 20)

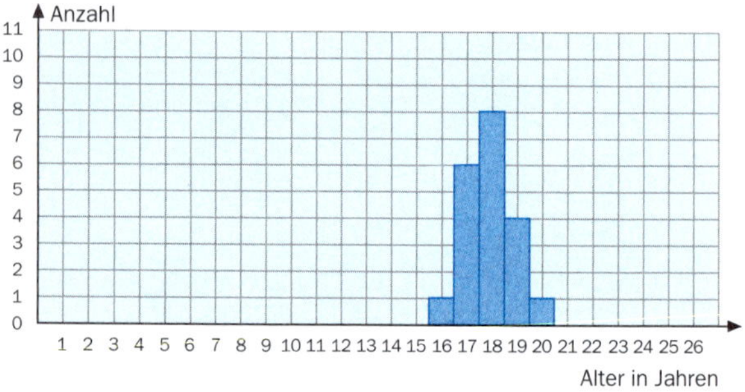

Liegen wie im Beispiel die relevanten Werte weit von der vertikalen Achse entfernt, so wird der überflüssige Bereich herausgeschnitten.

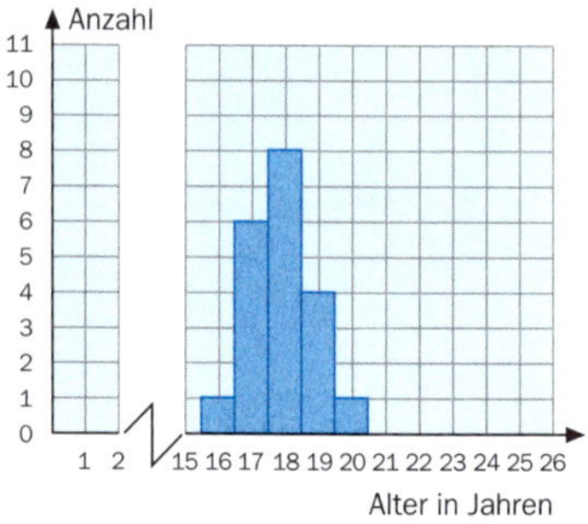

Beispiel: Altersverteilung im Skikurs 1(↗ S. 20)
Das fehlende Stück in der horizontalen Achse wird meistens durch eine gezackte Linie markiert.

Sind die Merkmalsausprägungen in Klassen eingeteilt, so wird im Histogramm das einer Klasse entsprechende Rechteck über die Klassenbreite als Grundlinie gezeichnet. Ist die Klassenbreite konstant, lässt sich sowohl aus der Rechtecksfläche als auch aus der Höhe die Häufigkeit ablesen. Die Form eines Histogramms ist dabei von der Klasseneinteilung abhängig.

Beispiel: Einkommensverteilung bei 4000 Personen (↗ S. 24)
Klassenbreite 10 000 €

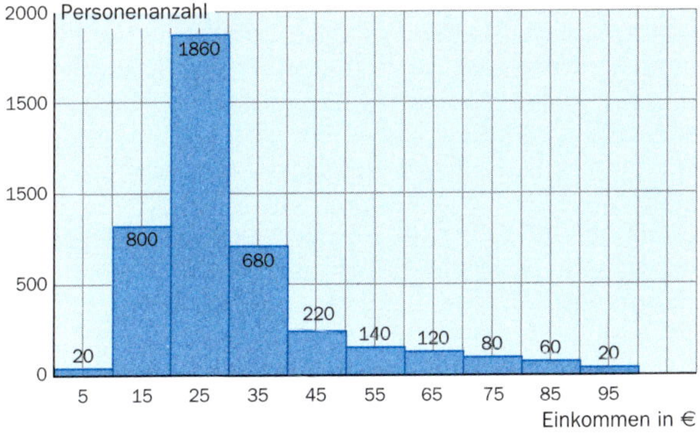

Klassenbreite 20 000 € (↗ S. 24)

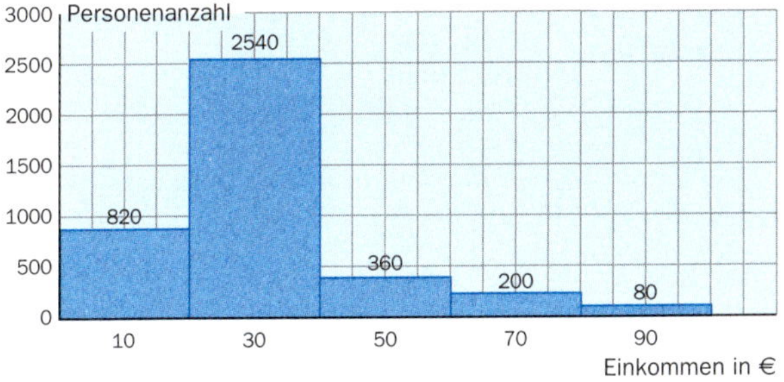

Klassenbreite 50 000 €

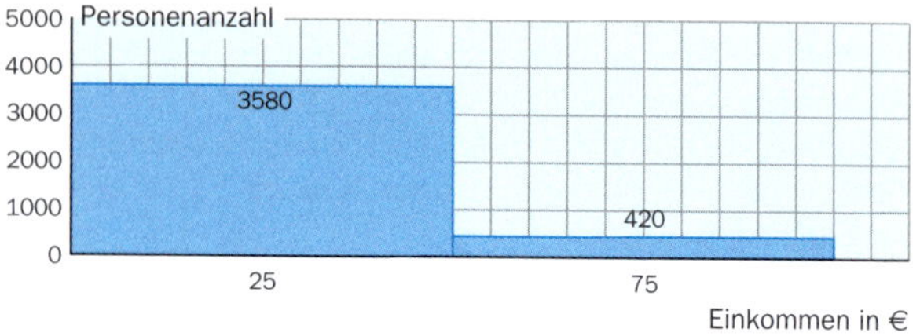

Die drei Histogramme zeigen eine Problematik der Zusammenfassung statistischer Daten zu Klassen mit zunehmender Breite: Die erste Vergröberung (Klassenbreite 20 000 €) bietet zunächst einen kompakteren Überblick, die weitere Zusammenfassung (Breite 50 000 €) lässt jedoch keine differenzierte Interpretation der Daten mehr zu.

Damit verschiedene Histogramme miteinander verglichen werden können, müssen die Gesamtflächen der Rechtecke in den einzelnen Histogrammen gleich groß sein.

Wird für das Histogramm die Breite der Klassen nicht konstant gewählt, muss zu jeder Grundlinie eines Rechtecks seine Höhe berechnet werden, da ja der Flächeninhalt der Rechtecke zur Häufigkeit proportional ist. Die berechnete Rechteckshöhe wird auch als ***Häufigkeitsdichte*** bezeichnet.

Berechnung der Rechteckshöhe (Häufigkeitsdichte)

$$\text{Rechteckshöhe} = \frac{\text{Häufigkeit}}{\text{Klassenbreite}}$$

Diese Berechnungsformel gilt sowohl für absolute als auch für relative Häufigkeiten.

Anmerkung: Der Wert der Rechteckshöhe ist dimensionsbehaftet: Es ergibt sich bei der Berechnung die Einheit

$$\frac{1}{\text{Einheit der Klassenbreite}}$$

Da es jedoch nur auf die Maßzahlen ankommt, wird die Einheit meist weggelassen.

Beispiel: Einkommensverteilung bei 4 000 Personen

Einkommen in 1000 Euro	Absolute Häufigkeit	Klassen-breite	Rechtecks-höhe
[0,20)	820	20	41
[20,30)	1860	10	186
[30,50)	900	20	45
[50, 100)	420	50	8,4

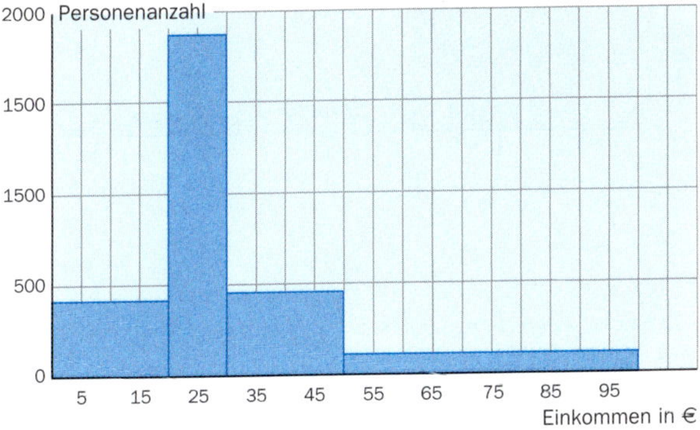

Damit dieses Histogramm mit den Histogrammen aus den vorigen Beispielen verglichen werden kann, ist die Gesamtfläche aller Rechtecke gleich geblieben. Die Angabe der Rechteckshöhen auf der vertikalen Achse hat hier keine anschauliche Bedeutung, sie kann nur zum Größenvergleich verwendet werden.

Häufigkeitspolygone

In vielen veröffentlichten graphischen Darstellungen statistischer Untersuchungen wird statt eines Histogramms ein *Häufigkeitspolygon* dargestellt. Es entsteht aus dem Histogramm, indem man die Mitten der oberen Rechtecksseiten miteinander verbindet.

Beispiel: Einkommensverteilung bei 4 000 Personen (↗ S. 24)
Klassenbreite 10 000 €

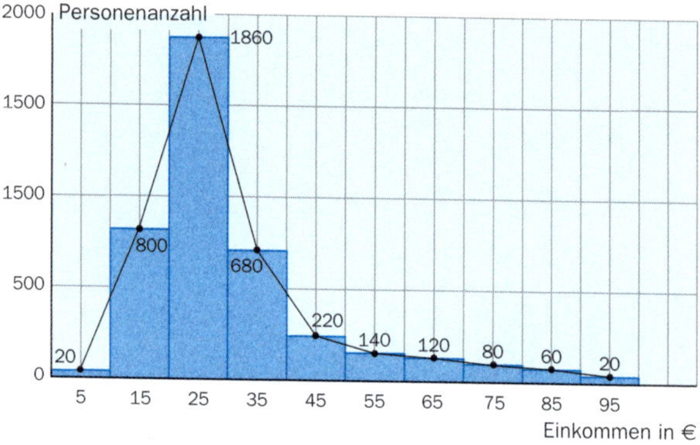

Je nach Aussehen des Häufigkeitspolygons werden verschiedene ***Verteilungstypen*** einer Häufigkeitsverteilung unterschieden:

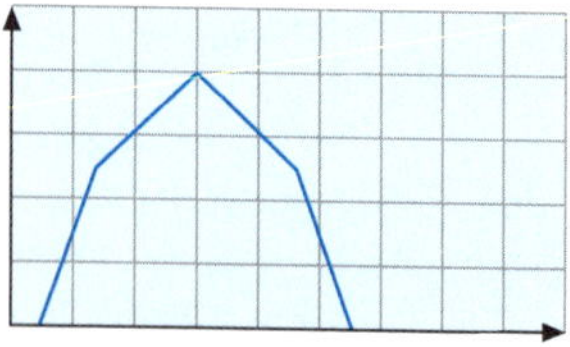

Eingipflige (symmetrische) Verteilung

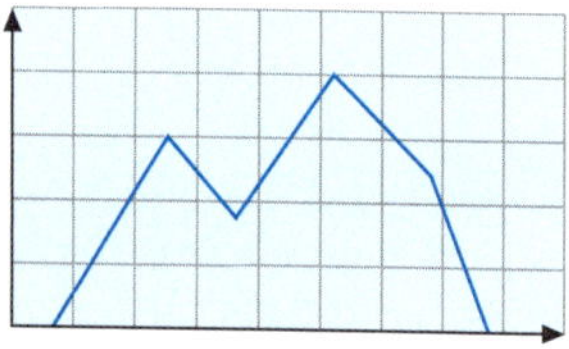

Mehrgipflige Verteilung

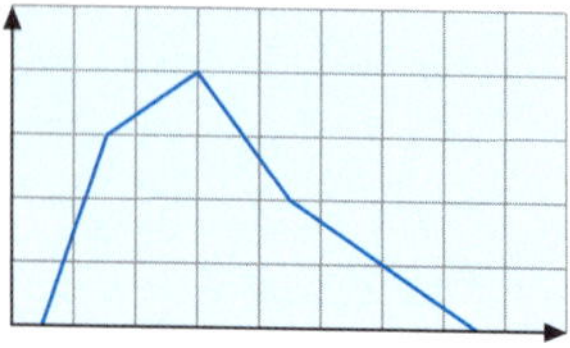

(Links-)schiefe Verteilung

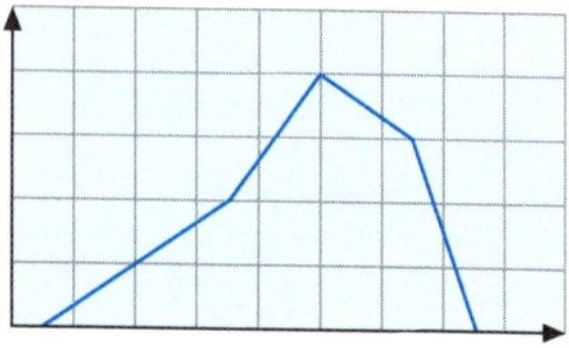

(Rechts-)schiefe Verteilung

Die Benennung eines Typs weist grob darauf hin, wie die Häufigkeiten sich über die gesamte Breite der Merkmalsausprägungen verteilen.

Beispiel: Im vorigen Beispiel zeigt die eingipflige, linksschiefe Verteilung, dass das Einkommen nicht gleichmäßig verteilt ist und in den unteren Einkommensklassen ein Maximum vorliegt.

Kurvendiagramme

Veränderungen von Häufigkeiten im Lauf der Zeit werden durch ***Kurvendiagramme*** dargestellt. Die Rechtswertachse steht für die Zeitachse, auf der vertikalen Achse sind die (absoluten oder relativen) Häufigkeiten markiert.
Die jeweiligen Häufigkeiten werden als Punkte über den Messzeitpunkten bzw. über dem Mittelpunkt des Messzeitraums eingetragen. Eine geradlinige Verbindung der einzelnen Punkte dient zur Veranschaulichung eines Trends.
Diese Verbindungslinie darf jedoch nicht als Teil eines Graphen angesehen werden, der eine genaue zeitliche Entwicklung beschreibt. Eine Interpolation (Bestimmung von Zwischenwerten) aus der Verbindungslinie ist deshalb nur bedingt zulässig und möglicherweise fehlerhaft.

Beispiel: Entwicklung der Weltbevölkerung (ab 2025 Schätzung) (Quelle: Vereinte Nationen, 2000)

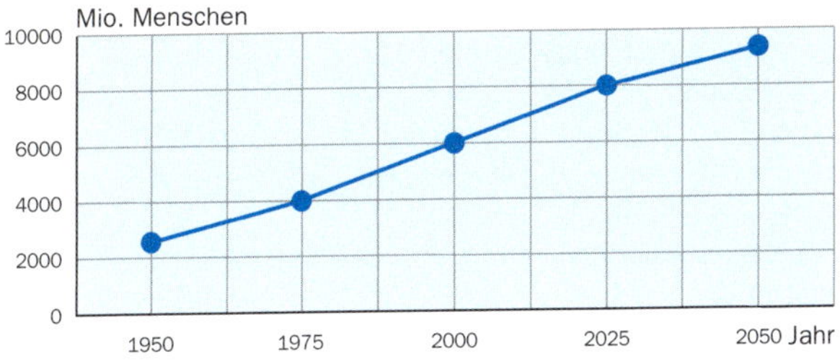

Man erkennt an der ansteigenden Kurve, dass die Weltbevölkerung weiter wächst. Die Änderung der Krümmung von links nach rechts zum Jahrtausendwechsel bedeutet, dass die Wachstumsrate der Bevölkerung abnimmt, d. h. die Weltbevölkerung wächst nicht mehr so schnell.

In Kurvendiagrammen ist auch der Vergleich mehrerer parallel ablaufender zeitlicher Verläufe sehr gut möglich.

Beispiel: Bevölkerungsentwicklung in Europa und Afrika (ab 2025 Schätzung) (Quelle: Vereinte Nationen, 2000)

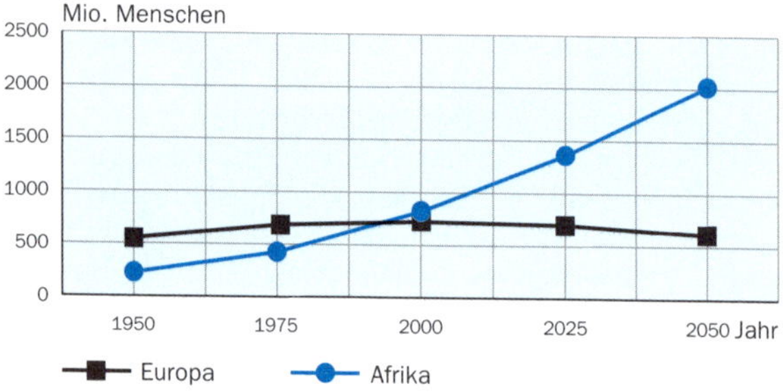

Man erkennt an der ansteigenden und linksgekrümmten Kurve für Afrika, dass die afrikanische Bevölkerung im betrachteten Zeitraum immer schneller wächst. In der ersten Hälfte dieses Jahrhunderts wird sich die Bevölkerungszahl Afrikas z. B. mehr als verdoppeln.
Die Kurve für Europa zeigt, dass die Bevölkerungszahl der Eurpäer im letzten Jahrhundert leicht anstieg, zu Beginn dieses Jahrhunderts ein Maximum erreicht und dann in der ersten Hälfte dieses Jahrhunderts abnimmt. Um 2050 erreicht die Bevölkerungszahl etwa wieder den Wert des Jahres 1950.
Im Vergleich beider Kurven ist deutlich sichtbar, dass die Zunahme der Wachstumsrate der afrikanischen Bevölkerung und die Abnahme der Wachstumsrate der europäischen Bevölkerung gegen Ende des letzten Jahrtausends dazu geführt hat, dass die Bevölkerungszahl Afrikas die Europas übertroffen hat.

5 Statistische Kennwerte

Während Tabellen und graphische Darstellungen über die gesamte Verteilung eines oder mehrerer Merkmale recht ausführlich informieren, haben die ***statistischen Kennwerte (Parameter)*** die Funktion, mit einem „repräsentativen" Wert über die Merkmalsausprägungen (Stichprobenwerte) Auskunft zu geben. Die Informationen über die gesamte Verteilung werden dadurch extrem komprimiert, wodurch natürlich auch viele Informationen verloren gehen.

Zentralmaße

„Die 500 Mitarbeiter unseres Unternehmens verdienen durchschnittlich 2.100 € pro Monat." Was besagt diese Aussage eines Unternehmenssprechers? Meint er,

- dass bei gleichmäßiger Verteilung aller 500 Gehälter auf die 500 Mitarbeiter ein Mitarbeiter 2.100 € pro Monat bekommt?
- dass 250 Mitarbeiter höchstens 2.100 € pro Monat verdienen und die anderen 250 Mitarbeiter dagegen mindestens 2.100 € pro Monat?
- dass 2.100 € pro Monat an die meisten Mitarbeiter ausgezahlt werden?

In diesem Beispiel treten folgende ***Durchschnittswerte*** auf:

- arithmetisches Mittel,
- Median,
- Modalwert.

An einem einfachen Beispiel wird zunächst erklärt, wie diese bestimmt werden.

Beispiel: Lieblingszahl zwischen 1 und 10
Urliste: 8, 7, 3, 1, 10, 2, 3, 2, 3, 4, 7, 9, 8, 3, 7, 2, 9, 1, 6
Geordnet: 1, 1, 2, 2, 2, 3, 3, 3, 3, 4, 6, 7, 7, 7, 8, 8, 9, 9, 10

Das ***arithmetische Mittel***, den Durchschnittswert der Zahlen, erhält man, indem man die Summe der Zahlen durch die Anzahl der Zahlen teilt.

(8+7+3+1+10+2+3+2+3+4+7+9+8+3+7+2+9+1+6) : 19
= 95 : 19 = **5**.

Der ***Median*** ist der Wert der Mitte der geordneten Liste. Die Zahl in der Mitte der 19 nach der Größe geordneten Zahlen ist **4**.
Der ***Modalwert*** ist der häufigste Wert. Unter den 19 Zahlen tritt die Zahl **3** am häufigsten auf, nämlich viermal.

Wie man sieht, treten hier ganz unterschiedliche Ergebnisse auf. Diese Durchschnittswerte müssen also genau unterschieden werden.

Im folgenden Histogramm sind diese ***Zentralmaße***, die auch ***Lagemaße*** genannt werden, eingetragen.

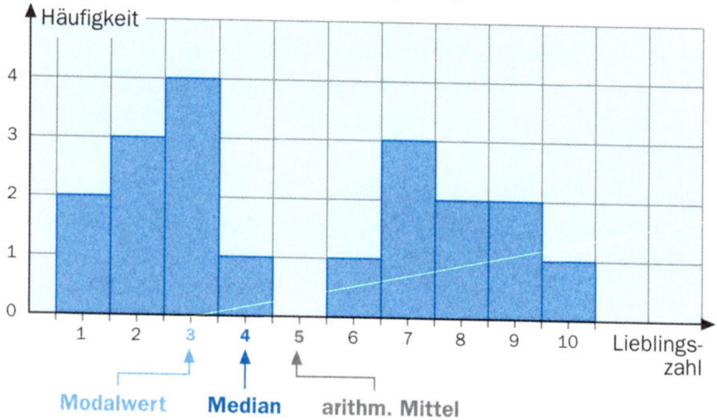

Verallgemeinerung: Das ***arithmetische Mittel*** (der ***Durchschnitt*** oder ***Mittelwert***) wird meistens mit der Variablen x mit einem Querstrich darüber symbolisiert. Das arithmetische Mittel $\overline{x}$ (Lies: „x quer“) von n Stichprobenwerte $x_1, \ldots, x_n$ ist $\overline{x} = (x_1 + x_2 + \ldots + x_n) : n$.
Das arithmetische Mittel basiert also auf Summenbildung – sie muss möglich und sinnvoll sein – und setzt metrische Daten voraus. Trotzdem wird das arithmetische Mittel oft bei ordinalskalierten Daten wie z. B. Noten verwendet. Das arithmetische Mittel minimiert die quadratischen Abweichungen (↗ S. 41), ist aber empfindlich gegen extreme Werte (Ausreißer).

Der ***Median (Zentralwert)*** wird oft mit der Variable x mit einer Wellenlinie darüber symbolisiert ($\tilde{x}$, lies: „x Schlange"). In der geordneten Liste liegen immer genau so viele Stichprobenwerte links vom Median $\tilde{x}$ wie rechts davon. Ist die Anzahl der Stichprobenwerte gerade, so liegen zwei Werte in der Mitte. Um Eindeutigkeit zu erhalten, nimmt man in diesem Fall als Median den Durchschnitt dieser zwei Werte. Der Median unterscheidet zwischen einer unteren und einer oberen Hälfte in der Rangfolge der Stichprobenwerte und setzt also Ordinaldaten voraus. Er minimiert die absoluten Abweichungen (↗ S. 41) und ist somit unempfindlich gegen extreme Werte (Ausreißer).

Der ***Modalwert (Modus)*** wird oft mit der Variablen m bezeichnet und ist der am häufigsten auftretende Wert. Er ist als „typischer" Wert akzeptabel, wenn er viel häufiger als alle anderen vorkommenden Werte in einer Stichprobe auftritt. Treten mehrere Wert gleichzeitig am häufigsten auf, wird auf die Angabe des Modalwertes verzichtet. Der Modalwert ist auch auf nominalskalierte Daten anwendbar.

Lagemaße bei verschiedenen Verteilungen:

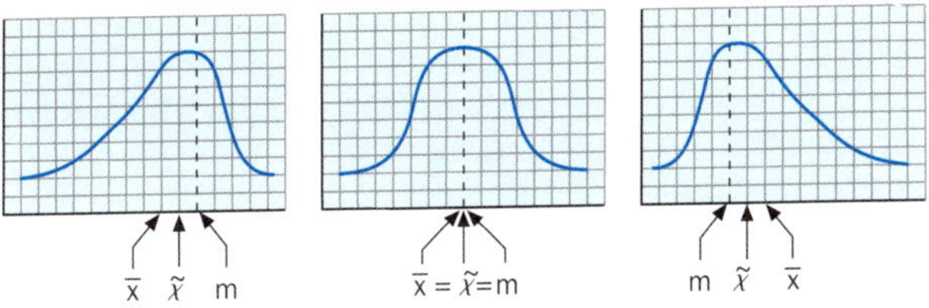

Bei symmetrischen Verteilungen fallen die drei Zentralmaße zusammen.

Die Aussagekraft dieser Durchschnittswerte wird im folgenden Beispiel noch einmal kritisch betrachtet.

Ein Immobilienmakler behauptet, dass bei den Verkäufen im letzten Jahr der Durchschnittspreis für ein Haus in einem bestimmten Gebiet 400 000 € war, ein anderes Mal, dass der häufigste Verkaufspreis weniger als 200 000 € war.

Folgende Verkaufspreise für ein Haus in diesem Gebiet liegen seinen Aussagen zu Grunde:
195 000 €, 195 000 €, 229 000 €, 236 000 €, 285 000 €, 765 000 €, 895 000 €.
Die Aussage des Immobilienmaklers, dass der Durchschnittspreis (**arithmetisches Mittel**) für ein Haus 400 000 € beträgt, ist hier wenig aussagekräftig. Die Häuser sind nämlich entweder wesentlich billiger (unter 300 000 €) oder entschieden teurer (über 750 000 €).
Die zweite Aussage ist zwar richtig, da der Preis 195 000 € (**Modalwert**) als einziger mehrfach auftritt, aber auch irreführend, da die meisten verkauften Häuser (die anderen fünf) alle teurer sind.
Der mittlere Wert in der geordneten Liste 236 000 € (**Median**) ist hier zur Orientierung besser geeignet, da 5 von den 7 Häusern in dieser Preislage liegen.

Streuungsmaße

Der Informationsverlust durch die extreme Datenkomprimierung auf ein Zentralmaß kann durch die Angabe eines Streuungsmaßes gemildert werden. Streuungsmaße verdeutlichen die Abweichungen (Streuungen) von einem Mittelwert. Sie geben also an, in welchem Maß die Ausprägung eines Merkmals vom Durchschnitt abweicht. Wir betrachten hier folgende Streuungsmaße für metrische Daten:

- Spannweite,
- mittlere absolute Abweichung,
- Varianz,
- Standardabweichung,
- Variationskoeffizient.

große Streuung

kleine Streuung

Die ***Spannweite (Variationsbreite)*** ist der Abstand des größten und kleinsten Wertes in einer Stichprobe. Sie hängt stark von Extremwerten (Ausreißer) ab.
Die ***mittlere absolute Abweichung*** vom arithmetischen Mittel ist die Summe der Abstände der Stichprobenwerte vom arithmetischen Mittel geteilt durch den Stichprobenumfang.

Berechnungsformel für die mittlere absolute Abweichung vom arithmetischen Mittel:
$(|x_1 - \overline{x}| + |x_2 - \overline{x}| + \ldots + |x_n - \overline{x}|) : n$

Bei der ***Varianz (Streuung*** oder ***mittlere quadratische Abweichung)*** bildet man Differenzen: Von jedem Einzelwert x_i der Stichprobe wird das arithmetische Mittel $\overline{x}$ subtrahiert. Damit sich positive und negative Abweichungen nicht gegenseitig aufheben, wird von jeder Differenz das Quadrat $(x_i - \overline{x})^2$ gebildet. Diese Quadrate werden summiert und durch den Umfang der Stichprobe dividiert. Man erhält einen Quadratwert, die Varianz oder Streuung. Sind also $x_1, \ldots, x_n$ Stichprobenwerte mit dem arithmetischen Mittel $\overline{x}$, so ist die Varianz von $x_1, \ldots, x_n$ die Zahl
$\overline{s}^2 = [(x_1 - \overline{x})^2 + \ldots + (x_n - \overline{x})^2] : n.$
Die Quadratwurzel der Varianz heißt ***Standardabweichung*** $\overline{s}$. Sie wird oft in Histogrammen auf oder unter der waagrechten Achse angegeben.
Der ***Variationskoeffizient*** ν ist ein so genannter relativer Streuungsparameter. Er relativiert die Standardabweichung im Verhältnis zum Mittelwert.
$\nu = \overline{s} : \overline{x}$

Man benötigt den Variationskoeffizienten, wenn verschiedene Grundgesamtheiten hinsichtlich ihrer Streuung verglichen werden. Der Variationskoeffizient kann auch als Prozentzahl angegeben werden.
Im folgenden Beispiel geht es um den Vergleich der Fertigungsgüte zweier Produktionen von Widerständen.

Beispiel: Eine Firma benötigt Präzisionswiderstände von 1,00 Ω und 10,0 Ω. Sie vergleicht die Fertigungsgüte zweier Lieferungen und prüft dazu 20 beliebig ausgewählte Widerstände von jeder Sorte. Die Messungen ergeben folgende Werte:

1,00 Ω		**10,0 Ω**	
Nummer	**Messung**	**Nummer**	**Messung**
1	1,001 Ω	1	9,99 Ω
2	1,002 Ω	2	10,01 Ω
3	0,989 Ω	3	10,00 Ω
4	0,996 Ω	4	10,02 Ω
5	1,007 Ω	5	9,98 Ω
6	1,002 Ω	6	9,99 Ω
7	0,999 Ω	7	10,01 Ω
8	0,998 Ω	8	9,97 Ω
9	1,000 Ω	9	10,01 Ω
10	1,001 Ω	10	9,99 Ω
11	1,004 Ω	11	10,02 Ω
12	0,998 Ω	12	10,01 Ω
13	0,999 Ω	13	9,98 Ω
14	1,003 Ω	14	9,99 Ω
15	1,000 Ω	15	10,02 Ω
16	1,006 Ω	16	10,04 Ω
17	0,997 Ω	17	9,98 Ω
18	0,999 Ω	18	9,98 Ω
19	1,001 Ω	19	10,01 Ω
20	0,998 Ω	20	10,00 Ω

Die zugehörigen Lagemaße:

Maß	**1,00 Ω-Widerstände**	**10,0 Ω-Widerstände**
arithmetisches Mittel	1,000 Ω	10,00 Ω
Median	1,000 Ω	10,00 Ω
Spannweite	0,018 Ω	0,07 Ω
mittlere absolute Abweichung	0,0027 Ω	0,015 Ω

Die zugehörigen Streumaße:

Maß	1,00 Ω-Widerstände	10,0 Ω-Widerstände
Varianz	0,00001 Ω^2	0,00033 Ω^2
Standardabweichung	0,00385 Ω	0,01806 Ω
Variationskoeffizient	0,375 %	0,1806 %

Die Kenngrößen sind hier mit Einheiten angegeben. Bei der Varianz, der mittleren quadratische Abweichung, tritt die Einheit quadratisch auf. Der Variationskoeffizient ist eine Zahl und wird hier in Prozent angegeben. Das arithmetische Mittel und der Median sind in beiden Fällen identisch. Die Streumaße (Abweichungen) sind bei den 10,0 Ω-Widerständen zwar größer als bei den 1,00 Ω-Widerständen, aber relativ gesehen sind sie geringer, wie der Variationskoeffizient zeigt, d. h. die 10,0 Ω-Widerstände sind mit größerer Präzision gefertigt.

Lage- und Streumaße bei gruppierten Daten

Sind für k Kategorien $x_1, x_2, \ldots, x_k$ die Kategorienmitten und $r_1, r_2, \ldots, r_k$ die relativen Häufigkeiten der Kategorien, so gelten für das arithmetische Mittel, die Varianz, die Standardabweichung und den Variationskoeffizienten die folgenden Formeln:

$\overline{x} = r_1 \cdot x_1 + r_2 \cdot x_2 + \ldots + r_k \cdot x_k$,

$\overline{s}^2 = r_1 \cdot (x_1 - \overline{x})^2 + r_2 \cdot (x_2 - \overline{x})^2 + \ldots + r_k \cdot (x_k - \overline{x})^2$,

$\overline{s} = \sqrt{\overline{s}^2}$, $v = \overline{s} : \overline{x}$

Den Median bestimmt man aus den Klassenmitten.

Lineare Transformationen

Um eine gewisse Normierung und damit einen Vergleich zu ermöglichen, unterzieht man die Daten $x_1, \ldots, x_n$ linearen Transformationen: $y_i = a\,x_i + b\ (i = 1, 2, \ldots, n)$,
wobei a und b bestimmte Zahlen sind.
Das arithmetische Mittel und den Median für die transformierten Daten erhält man, indem man die ursprünglichen Werte ebenfalls so transformiert:
Mittelwert: $\overline{y} = a \cdot \overline{x} + b$, Median: $\tilde{y} = a \cdot \tilde{x} + b$.
Da die Streuung gegen eine Verschiebung der Daten (Addition von b) invariant ist, gilt hier für die Standardabweichung: $s_y = |a| \cdot s_x$.

Von besonderer praktischer Bedeutung ist die so genannte ***Standardisierung (z-Transformation)****, durch die das arithmetische Mittel auf 0 und die Standardabweichung auf 1 normiert werden:*

$$z_n = \frac{x_i - \bar{x}}{s_x}$$

Quartile

Aus der geordneten Stichprobe gewinnt man noch weitere Kenngrößen, die über Lage und Streuung der Daten informieren.

Das ***untere Quartil*** $q_{1/4}$ (oder P_{25}) gibt an, bis zu welchem Wert sich ein Viertel der Daten erstrecken, und das ***obere Quartil*** $q_{3/4}$ (oder P_{75}), von welchem Wert an das letzte Viertel der Daten beginnt.

Ein gegen Ausreißer robustes Streuungsmaß ist der ***Quartilsabstand*** $q_{3/4} - q_{1/4}$ (oder $P_{75} - P_{25}$).

Beispiel: Präzisionswiderstände (↗ S. 42)
Bei den 1,00 Ω-Widerstände gilt:
$q_{1/4} = 0{,}998\ \Omega$, $q_{3/4} = 1{,}002\ \Omega$, $q_{3/4} - q_{1/4} = 0{,}004\ \Omega$
Bei den 10,0 Ω-Widerständen gilt:
$q_{1/4} = 9{,}98\ \Omega$, $q_{3/4} = 10{,}01\ \Omega$, $q_{3/4} - q_{1/4} = 0{,}03\ \Omega$

Prozentrang

Die relativen Summenhäufigkeiten (↗ S. 21 f.) werden gelegentlich auch als ***Prozentränge P*** bezeichnet. Man erhält den Prozentrang also, indem man den Quotienten aus der absoluten Summenhäufigkeit (↗ S. 21 f.) und der Gesamtzahl *n* der Stichprobe als Prozentsatz angibt. Also ist z. B. das untere Quartil $q_{1/4}$ gleich dem Prozentrang P_{25}.

Beispiel: Prüfungsjahrgang
Die Einstellung in den Staatsdienst erfolgt oft nach dem Prozentrang der Prüflinge eines Jahrgangs. Sind von 200 Prüflingen 35 andere besser oder genauso gut wie er, so befindet sich der Prüfling in der geordneten Liste von Prüflingen an Stelle 36 und sein Prozentrang beträgt somit: 36 : 200 = 18 %.

6 Der Box-Plot

Der ***Box-Plot*** ist eine einfache Methode, mehrere Informationen über einen Datensatz übersichtlich zu veranschaulichen. In einer Box liegen die mittleren 50 % der Daten, also die Daten zwischen dem **unteren** und dem **oberen Quartil**. In der Box wird der **Median** angegeben und unter und über der Box der kleinste und größte Datenwert.

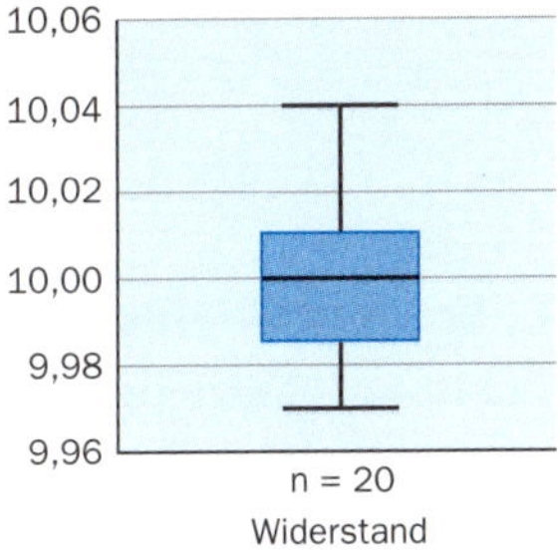

Beispiel: Prüfung bei 10,0 Ω Widerstände (↗ S. 42)

Hinweis: Manchmal wird ein Box-Plot auch horizontal dargestellt.

Daten, die weit außerhalb der Box liegen, die Ausreißer, wer-
den dabei nicht berücksichtigt. Sie werden als Punkte extra angegeben. Einen Datenpunkt nennt man ***Ausreißer***, wenn er mehr als das 1,5fache der Boxlänge (Quartilsabstand) von der Box entfernt ist.

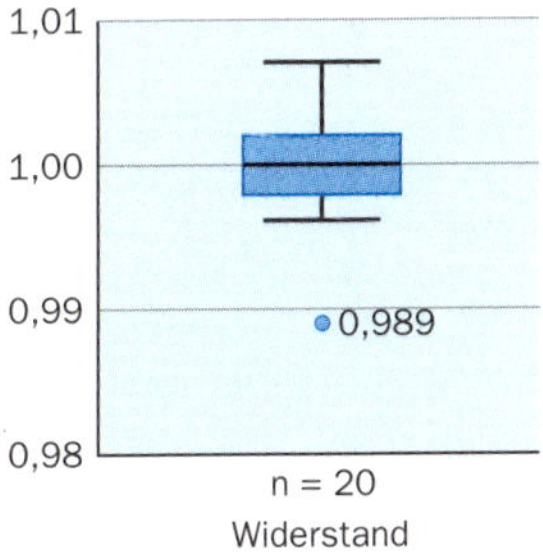

Beispiel: Prüfung bei 1,00 Ω Widerstände (↗ S. 42)

Der Median ist 1,000 Ω, das untere Quartil ist 0,998 Ω und das obere Quartil 1,002 Ω. Damit beträgt der 1,5fache Quartilsabstand 0,006 Ω. Der dritte Wert 0,989 Ω hat von der Box den Abstand 0,009 Ω, er ist also ein Ausreißer.

Beurteilende Statistik

1 Grundprobleme der beurteilenden Statistik

Die Sonntagsfrage

„Welche Partei würden Sie wählen, wenn am nächsten Sonntag Bundestagswahl wäre?“
Bei diesen regelmäßigen Befragungen werden z. B. 1000 ausgewählte, wahlberechtigte Bundesbürger gefragt. Aus diesen Umfrageergebnissen wird dann auf das Wahlverhalten aller wahlberechtigten Bundesbürger geschlossen ***(Hochrechnung)***.

Beschreibung mit Fachbegriffen der Statistik (↗ S. 12)
*Als **Merkmalsträger** treten hier alle wahlberechtigten Bundesbürger auf. Sie bilden die **Grundgesamtheit**. Das interessierende **Merkmal** ist die für den Bundestag gewählte Partei. Als **Merkmalsausprägungen** treten die bei der Bundestagswahl zugelassenen Parteien auf. Zur mathematischen Beschreibung verwendet man die **Wahrscheinlichkeitsverteilung** einer **Zufallsgröße** X, die dieses Merkmal der Grundgesamtheit wiedergibt. Die **Stichprobe** vom Umfang 1000 besteht dann aus 1000 ausgewählten, wahlberechtigten Bundesbürgern. Als voneinander unabhängige Realisierungen* $x_1, x_2, \ldots, x_{1000}$ *von X treten die 1000 Befragungsergebnisse auf, wobei dann z. B. der **Stichprobenwert*** x_7 *die von der 7. befragten Person gewählte Partei ist.*

Natürlich versucht man durch eine gezielte Auswahl von Wahlberechtigten (Merkmalsträger) für die Stichprobe ein möglichst gutes, verkleinertes Abbild aller Wahlberechtigten (der Grundgesamtheit) zu erhalten. Man spricht dann von einer ***repräsentativen Stichprobe***.

Qualitätscheck

Bei einer Qualitätsprüfung elektrischer Widerstände wurden 100 zufällig ausgewählte Widerstände auf ihre Genauigkeit geprüft.
Aus den 100 Messwerten wurde der Mittelwert $\overline{x} = 21{,}8\ \Omega$ (↗ S. 42) bei einer Standardabweichung von $\overline{s} = 0{,}24\ \Omega$ ermittelt (↗ S. 42). Wie präzise beschreiben diese Werte die Genauigkeit der Widerstände?

*Als **Merkmalsträger** treten hier elektrische Widerstände auf. Sie bilden die **Grundgesamtheit**. Das interessierende **Merkmal** ist ihr Widerstandswert. Als **Merkmalsausprägungen** treten Werte in der Größenordnung 22 Ω auf. Zur mathematischen Beschreibung verwendet man die **Wahrscheinlichkeitsverteilung** einer **Zufallsgröße** X, die dieses Merkmal der Grundgesamtheit wiedergibt. Die **Stichprobe** vom Umfang 100 besteht hier aus 100 zufällig ausgewählten elektrischen Widerständen. Als voneinander unabhängige Realisierungen $x_1, x_2, \ldots, x_{100}$ von X treten 100 Messwerte auf, wobei dann z. B. der **Stichprobenwert** x_5 der beim 5. Widerstand gemessene Wert ist.*

Hier erfolgt die Auswahl der elektrischen Widerstände (Merkmalsträger) für die Stichprobe nach dem Zufallsprinzip. Man spricht deshalb von einer ***zufälligen Stichprobe***.
Auf die Auswahl soll im Folgenden nicht näher eingegangen werden. (↗ S. 8)

Gezinkter Würfel?

Ein Würfel wird 600-mal geworfen mit dem folgenden Ergebnis:

1	2	3	4	5	6
99	106	92	94	100	109

Ist der Würfel ideal oder gezinkt?

*Als **Merkmalsträger** treten hier Würfelwürfe auf. Sie bilden die **Grundgesamtheit**. Das interessierende **Merkmal** ist die geworfene Augenzahl. Als **Merkmalsausprägungen** treten die Werte 1, 2, 3, 4, 5 und 6 auf. Zur mathematischen Beschreibung verwendet man die **Wahrscheinlichkeitsverteilung** einer **Zufallsgröße** X, die diese Merkmal der Grundgesamtheit wiedergibt. Die **Stichprobe** vom Umfang 600 besteht hier aus 600 Würfen mit diesem Würfel. Als voneinander unabhängige Realisierungen* $x_1, x_2, \ldots, x_{600}$ *von X treten 600 Zahlen 1, 2, 3, 4, 5 oder 6 auf, wobei dann z.B. der **Stichprobenwert*** x_{11} *die beim 11. Würfelwurf geworfene Augenzahl ist.*

Hier führt man einen Vergleich der Häufigkeitsverteilung des vorhandenen Würfels mit der Häufigkeitsverteilung eines idealen Würfel durch. Einen ersten Eindruck gewinnt man aus ihren Kennwerten, den Lage- und Streumaßen. So ist beispielsweise der theoretische Mittelwert für die Augenzahl eines idealen Würfels, der sehr oft geworfen wird, der so genannte ***Erwartungswert*** μ für die Augenzahl eines idealen Würfels, gleich 3,5. Für den Mittelwert $\bar{x}$ der Stichprobenwerte des untersuchten Würfels gilt hingegen:

$$\bar{x} = \frac{1}{600}(1 \cdot 99 + 2 \cdot 106 + 3 \cdot 92 + 4 \cdot 94 + 5 \cdot 100 + 6 \cdot 109)$$

$$= 3{,}528\ldots \approx 3{,}53$$

Es stellt sich hier die Frage, wie die geringe Abweichung von ca. 0,03 vom Idealwert 3,5 zu beurteilen ist. Handelt es sich um eine zufällige Abweichung oder wird sie von einer Unsymmetrie des Würfels verursacht.

Besser gefüttert?

Ein neues Kraftfutter für die Kälbermast soll auf seine Wirkung getestet werden. Dazu wird es mit dem alten Futtermittel verglichen. Es werden zwei Vergleichsgruppen von Kälbern gebildet. Die Kälber der ersten Gruppe werden mit dem alten Futtermittel gefüttert, die Kälber der zweiten Gruppe mit dem neuen Kraftfutter. Nach drei Monaten werden folgende Gewichtszunahmen in Kilogramm festgestellt:

1. Gruppe	53	45	46	33	46	45	54	29	…	38
2. Gruppe	55	36	47	28	51	48	63	27	…	41

*Als **Merkmalsträger** treten hier Kälber auf. Sie bilden die **Grundgesamtheit**. Das interessierende **Merkmal** ist die Gewichtszunahme. Als **Merkmalsausprägungen** treten die Gewichtszunahmen in Kilogramm auf. Zur mathematischen Beschreibung verwendet man die **Wahrscheinlichkeitsverteilung** einer **Zufallsgröße** X, die dieses Merkmal der Grundgesamtheit wiedergibt. Die **Stichprobe** vom Umfang 60 besteht hier aus 60 Kälbern. Als voneinander unabhängige Realisierungen* $x_1, x_2, \ldots, x_{60}$ *von X treten 60 Gewichtszunahmen in Kilogramm auf, wobei dann z.B. der **Stichprobenwert*** x_2 *die beim 2. Kalb der 1. Gruppe gemessene Gewichtszunahme ist.*

Der Statistiker muss entscheiden, ob die Gewichtszunahmen in der 2. Gruppe *signifikant* höher sind als die der 1. Gruppe, ob also das neue Kraftfutter besser ist als das alte Futter.

> **Zusammenfassung:** Aufgabe der ***beurteilenden Statistik*** ist es, von einer vorhandenen ***Stichprobe*** auf die ***Grundgesamtheit*** zu schließen, aus der die ***Stichprobe*** entnommen ist. Dabei sind ***Schätzungen*** und ***Tests*** durchzuführen und Gütekriterien für die Urteile zu erstellen.

2 Schätzen von Kennwerten einer Grundgesamtheit

In vielen Fällen liefern bereits die Kennwerte einer Grundgesamtheit, die Lage- und Streumaße (↗ S. 42 f.), wichtige Informationen. Bei der Schätzung von Kennwerten will man *Schätzwerte* für die unbekannten Kennwerte der Grundgesamtheit, den Erwartungswert μ und die Varianz σ^2, aus einer Stichprobe gewinnen. Dabei geht man von der Überlegung aus, dass die Stichprobenkennwerte in etwa den Werten der

Grundgesamtheit entsprechen, sofern die Stichprobenauswahl sinnvoll erfolgt ist (↗ S. 8).

Beispiel: Eine Untersuchung der Größe mit 50 16-jährigen Mädchen liefert folgende Urliste (Werte in cm):

161	174	182	170	158	165	163	172	156	165
159	169	166	158	174	181	171	165	170	164
176	168	171	173	160	168	176	167	163	169
171	167	166	168	170	159	156	187	164	168
163	158	170	169	174	161	168	169	172	163

Als ***Merkmalsträger*** *treten hier 16-jährige Mädchen auf. Sie bilden die* ***Grundgesamtheit****. Das interessierende* ***Merkmal*** *ist die Größe. Als* ***Merkmalsausprägungen*** *treten die Größen in cm auf. Zur mathematischen Beschreibung verwendet man die* ***Wahrscheinlichkeitsverteilung*** *einer* ***Zufallsgröße*** *X, die dieses Merkmal der Grundgesamtheit wiedergibt. Die* ***Stichprobe*** *vom Umfang 50 besteht hier aus 50 16-jährigen Mädchen. Als voneinander unabhängige Realisierungen* x_1, $x_2, \ldots, x_{50}$ *von X treten 50 Längen in cm auf, wobei dann z. B. der* ***Stichprobenwert*** x_{11} *die Größe 159 cm ist.*

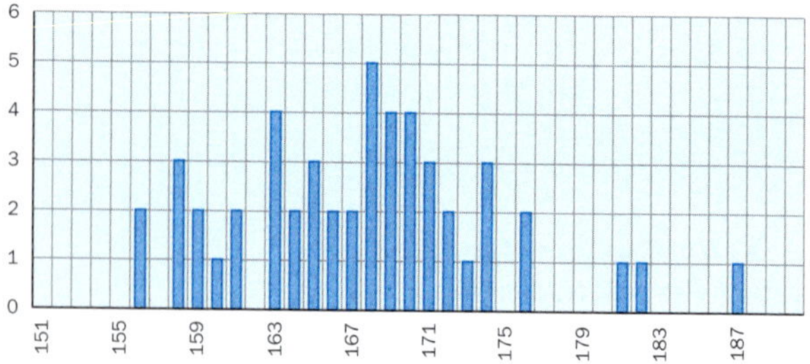

Einen guten ersten Überblick liefert die Häufigkeitsverteilung der Größen der Stichprobe im Stabdiagramm:
Eine ähnliche Verteilung, natürlich mit viel größeren absoluten Zahlen und ohne Lücken, erwartet man auch für alle 16-jährigen Mädchen.

Wir betrachten im Folgenden Kenngrößen dieser Verteilung, die einerseits leicht gewonnen werden können und andererseits gewisse Gütekriterien erfüllen. (Auf diese Gütekriterien soll hier wegen der dazu benötigten Mathematik nicht näher eingegangen werden.)
Jedes Statistikprogramm und auch viele Taschenrechner berechnen diese Kenngrößen nach Eingabe der Stichprobenwerte.

Den Mittelwert aus einer Stichprobe, das so genannte ***Stichprobenmittel*** $\bar{x}$, berechnet man, indem man alle Stichprobenwerte addiert und das Ergebnis durch die Anzahl der Stichprobenwerte (= Umfang der Stichprobe) dividiert. Für diese Stichprobe gilt: $\bar{x} = 167{,}54$ cm.

Die mathematische Formel: $\bar{x} = \frac{1}{n}(x_1 + x_2 + \ldots + x_n)$,

wobei $x_1, x_2, \ldots, x_n$ *die Stichprobenwerte sind und n ihre Anzahl ist.*

Zur weiteren Beurteilung der Verteilung eignen sich Streumaße (↗ S. 40 ff.), die ***Stichprobenvarianz*** s^2 und die ***Stichprobenstandardabweichung s.***

Die mathematischen Formeln:
$s^2 = \frac{1}{n-1}((x_1 - \bar{x})^2 + (x_2 - \bar{x})^2 + \ldots + (x_n - \bar{x})^2)$,
$s = \sqrt{s^2}$, *wobei* $x_1, x_2, \ldots, x_n$ *die Stichprobenwerte sind und n ihre Anzahl ist.*
Bei der Berechnung eines Schätzwertes für die Varianz (der Stichprobenvarianz) hat man – anders als bei der Berechnung der Varianz einer Stichprobe (↗ S. 41) – durch n-1 statt durch n zu dividieren. Dies ist eine Folge der Gütekriterien für Schätzwerte. Dieser Unterschied kann bei kleinen Stichproben erheblich sein, bei großen Stichproben ist er gering.

Für die gegebene Verteilung erhält man:
$s^2 \approx 42{,}72$ cm² und $s \approx 6{,}54$ cm .

Man kann aufgrund der Gütekriterien der Schätzwerte sicher sein, dass die gefundenen Schätzwerte keine systematischen, sondern allenfalls zufällige Abweichungen von den geschätzten Kennwerten der Grundgesamtheit aufweisen.

Zusammenfassung: Das ***Stichprobenmittel*** ist ein geeigneter ***Schätzwert*** für den ***Erwartungswert*** μ der Grundgesamtheit und die ***Stichprobenvarianz*** ist ein geeigneter Schätzwert für die ***Varianz*** σ^2 der Grundgesamtheit.

In diesem Diagramm sind die Schätzwerte eingetragen, wobei $\bar{x} = 167{,}54$ cm, $s \approx 6{,}54$ cm

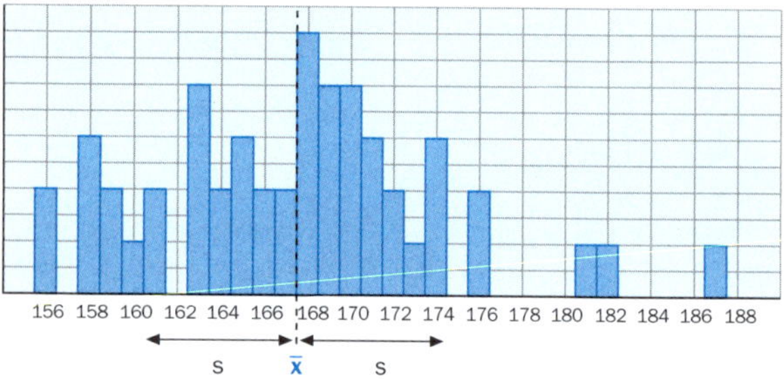

Der Box-Plot zeigt einen Ausreißer (187 cm).

Wird der eine Ausreißer nicht berücksichtigt, so erhält man als neue Schätzwerte: $\bar{x} = 167{,}14$ cm, $s \approx 5{,}98$ cm. Der Mittelwert ändert sich relativ wenig (0,2 %), die Standardabweichung nimmt dagegen über 8 % ab, die korrigierte Datenmenge hat eine geringere Streuung.

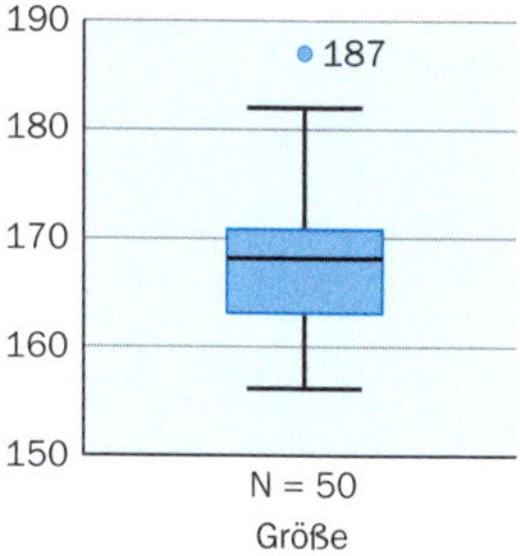

3 Vertrauensintervalle

Im letzten Abschnitt ist offen geblieben, welche Genauigkeit man von den Schätzwerten erwarten darf. Ideal wäre, wenn man zu einem Schätzwert ein Intervall angeben könnte, im dem der wahre Wert mit Sicherheit liegt. Eine solche Sicherheit gibt es aber nicht, wenn eine Teilerhebung vorliegt. Man kann aber zu einem Schätzwert ein so genanntes ***Vertrauensintervall*** bestimmen. Dazu berechnet man zu einer vorgegebenen Wahrscheinlichkeit γ (z. B. 95 % oder 99 %) zwei Intervallgrenzen c_u und c_o, die von γ, den Stichprobenwerten und dem Schätzwert abhängen.

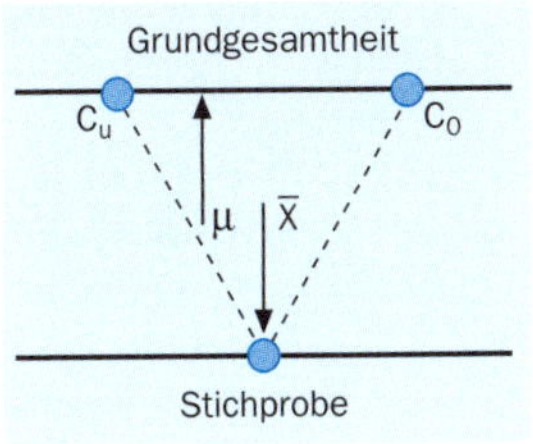

Das Vertrauensintervall $[c_u; c_o]$ überdeckt dann mit der Wahrscheinlichkeit γ den geschätzten Kennwert.

Was bedeutet nun dieser Satz?

Würde dieses Berechnungsverfahren z. B. für $\gamma = 95\,\%$ mit 1000 Stichproben durchgeführt, so würde in ca. 95 % der Fälle der wahre Kennwert im berechneten Intervall liegen und in ca. 5 % der Fälle außerhalb.

Zur Berechnung dieser Vertrauensintervalle muss allerdings eine spezielle Wahrscheinlichkeitsverteilung vorausgesetzt werden, die so genannte ***Normalverteilung***.

Normalverteilungen

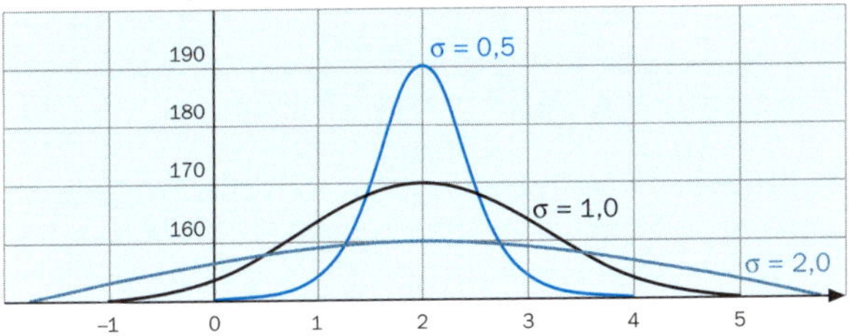

In der Praxis ist die Voraussetzung der Normalverteilung oft nicht gegeben. Bei hinreichend großem Stichprobenumfang ($n \geqq 30$) ist aber das Stichprobenmittel angenähert normalverteilt und somit eine einfache Berechnung möglich. (Ein Vertrauensintervall lässt sich auch für die Varianz berechnen sowie bei Stichproben mit kleinerem Umfang auf der Grundlage anderer Verteilungsfunktionen.)

Das prinzipielle Vorgehen ist dabei wie folgt:

1. Zuerst werden aus den Stichprobenwerten $x_1, x_2, \ldots, x_n$ Schätzwerte für den Erwartungswert μ und die Varianz σ^2, also das Stichprobenmittel $\overline{x}$ und die Stichprobenvarianz s^2, berechnet.
2. Zur gewählten Wahrscheinlichkeit γ wird z. B. aus einer statistischen Tabelle für die Normalverteilung ein Wert c ermittelt. (Beispiele für häufig benötigte Werte: $\gamma = 95\,\%$, $c = 1{,}96$; $\gamma = 99\,\%$, $c = 2{,}58$; $\gamma = 9{,}99\,\%$, $c = 3{,}29$)
3. Das Vertrauensintervall für μ ist symmetrisch um $\overline{x}$:

$$\left[\overline{x} - c \cdot \frac{s}{\sqrt{n}};\ \overline{x} + c \cdot \frac{s}{\sqrt{n}}\right]$$

Es soll nun das Vertrauensintervall für den geschätzten Mittelwert $\overline{x}$ des letzten Beispiels (Größe 16-jähriger Mädchen, ↗ S. 50) bestimmt werden. Es gilt:

$\overline{x} = 167{,}54$ cm, $s^2 \approx 42{,}72$ cm^2 und $s \approx 6{,}54$ cm.

Wählt man $\gamma = 95\,\%$ d. h. $c = 1{,}96$, so erhält man damit das Vertrauensintervall [165,73 cm; 169,35 cm].

Der wahre Mittelwert liegt also mit ca. 95 % Wahrscheinlichkeit zwischen 165,73 cm und 169,35 cm.

Wählt man $\gamma = 99\,\%$ d. h. $c = 2{,}58$, so erhält man damit das Vertrauensintervall [165,15 cm; 169,93 cm].

Der wahre Mittelwert liegt also mit ca. 99 % Wahrscheinlichkeit zwischen 165,15 cm und 169,93 cm.

Will man den Schätzbereich mit hoher Wahrscheinlichkeit γ angeben, so bedeutet das einen breiteren Schätzbereich und damit eine ungenauere Angabe für den zu schätzenden Kennwert.

Will man dagegen einen schmalen Schätzbereich, also eine genauere Angabe für den zu schätzenden Kennwert, so sinkt damit die Wahrscheinlichkeit γ, mit der die Aussage zutrifft.

Es wird also in jedem Fall im Hinblick auf die Untersuchung ein geeigneter Mittelweg zu wählen sein.

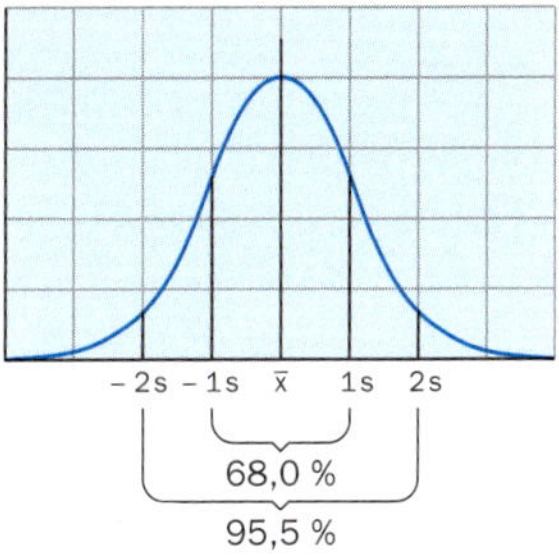

Häufig wird auch die Frage gestellt, wie groß eine Stichprobe sein muss, damit die Abweichung eines Schätzwertes vom angenommenen Kennwert mit einer Wahrscheinlichkeit γ kleiner als eine vorgegebene Schranke ist. Aus der Formel für das Vertrauensintervall kann ein notwendiger Stichprobenumfang ermittelt werden.

4 Testen von Hypothesen

Ist der Euro unfair?

Am 9.1.2002, kurz nach der Einführung der Euro-Münzen, erschien in der *Süddeutschen Zeitung* ein Artikel, der die Frage behandelte, ob die Euro-Münzen „unfair" seien. Eine Münze ist unfair, wenn die Wahrscheinlichkeit dafür, dass beim Drehen oder Werfen der Münze Kopf bzw. Zahl erscheint, von 50 % abweicht. Laut *Süddeutscher Zeitung* haben polnische Statistiker festgestellt, dass beim Werfen der belgischen 1-Euro-Münze eine Seite häufiger erscheint.

Um eine solche Vermutung zu untersuchen muss das Problem zunächst als statistisches Testproblem dargestellt werden. Die Wahrscheinlichkeit für eines der beiden möglichen Ergebnisse eines Münzwurfs („Zahl liegt oben“ bzw. „Kopf liegt oben“) wird mit p bezeichnet. Bei einer fairen Münze sollte diese Wahrscheinlichkeit 50 % betragen. Die Forschungshypothese lässt sich folglich so schreiben:
Hypothese: $p = 50\,\%$. (Es liegt eine faire Münze vor.)

Statistiker untersuchen eine solche Forschungshypothese, indem sie eine Stichprobe ziehen, um aufgrund dieser Stichprobe eine Aussage über die Grundgesamtheit, also über alle Würfe mit der entsprechenden Münze, zu treffen. Eine Stichprobe ziehen bedeutet hier zum Beispiel:
Eine deutsche 1-Euro-Münze und eine deutsche 2-Euro-Münze werden von 10 Personen jeweils 100-mal gedreht und 100-mal geworfen. Man erhält 4 Versuchsreihen von jeweils 1000 Versuchen.

Tabelle über die Anzahlen, wie oft Zahl gefallen ist:

Person	Drehen der 2-Euro-Münze	Werfen der 2-Euro-Münze	Drehen der 1-Euro-Münze	Werfen der 1-Euro-Münze
1	52	56	56	46
2	52	50	50	54
3	64	54	60	50
4	76	58	54	42
5	60	44	48	48
6	56	58	52	54
7	76	48	42	52
8	66	48	54	49
9	32	32	44	48
10	74	46	50	64
Summe	608	494	510	507

Ziel eines ***Tests*** ist es nun, festzustellen, ob die Hypothese, mit gutem Grund abgelehnt werden kann. (Solche Hypothesen können nur falsifiziert werden, d. h. als falsch erkannt werden. Man kann sie nicht beweisen.) Dies ist der Fall, wenn ziemlich starke Abweichungen, man sagt überzufällige oder ***signifikante Abweichungen***, im Stichprobenergebnis auftreten. Man nennt einen solchen Test deshalb ***Signifikanztest***.

Wie man sieht, schwanken die Summen um den Wert 500, den man für eine faire Münze erwartet. Gewisse Schwankungen um diesen Erwartungswert sind aufgrund des Zufalls zu erwarten. Der Summenwert 608 beim Drehen der 2-Euro-Münze weicht jedoch ziemlich stark ab.
Wie ist diese Abweichung zu beurteilen?
Nimmt man an, dass die Euro-Münzen fair sind, so sind bei 1000 Versuchen der Erwartungswert 500 und die Standardabweichung 15,8. Die gefundene, starke Abweichung des Wertes 608 vom theoretischen Wert 500 kann zunächst auf zwei Arten erklärt werden:

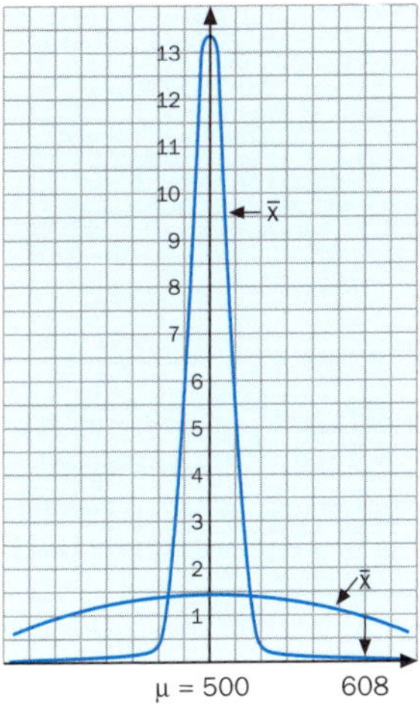

Entweder ist der Erwartungswert der unbekannten Grundgesamtheit, d. h. aller Drehversuche mit der 2-Euro-Münze, wirklich 500 und die registrierte starke Abweichung kam zufällig zustande …

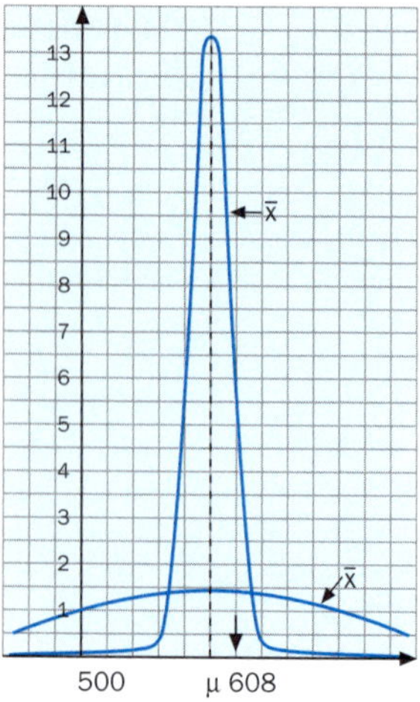

… oder der Erwartungswert der unbekannten Grundgesamtheit ist nicht 500. Der registrierte Summenwert 608 weicht dann vielleicht nur wenig vom tatsächlichen Erwartungswert μ ab.

Es sind 4 Fälle möglich:

Entscheidung / Realität	Die Hypothese wird abgelehnt.	Die Hypothese wird beibehalten.
Die Hypothese ist wahr. $p = 50\ \%$	Fehler 1. Art: irrtümliche Ablehnung	Sicherheit 1. Art: richtige Entscheidung
Die Hypothese ist falsch. $p \neq 50\%$	Sicherheit 2. Art: richtige Entscheidung	Fehler 2. Art: irrtümliche Annahme

Die Wahrscheinlichkeit für den ***Fehler 1. Art***, dass die Hypothese fälschlich verworfen wird, nennt man ***Irrtumswahrscheinlichkeit*** α. Die Wahrscheinlichkeit für den ***Fehler 2. Art***, dass die Hypothese fälschlich nicht verworfen wird, nennt man ***Irrtumswahrscheinlichkeit*** β.
Man nennt die Fehler 1. und 2. Art deshalb auch ***α-Fehler*** und ***β-Fehler***.

Unter der Annahme der Unabhängigkeit der einzelnen Würfe kann mit Hilfe eines Tests festgestellt werden, ob es signifikante Abweichungen von der Hypothese $p = 50\%$ gibt. Dazu kann man die α- Fehler berechnen.
Ergebnisse für die 4 Versuchsreihen:

	Drehen der 2-Euro-Münze	**Werfen der 2-Euro-Münze**	**Drehen der 1-Euro-Münze**	**Werfen der 1-Euro-Münze**
Prozentualer Anteil von „Zahl"	60,8 %	49,4 %	51,0 %	50,7 %
α-Fehler	<0.001	0.7504	0.4578	0.6974

Aufgrund der Irrtumswahrscheinlichkeit α, die unter 0,1 % liegt, kann für das Drehen der 2-Euro-Münze die Hypothese, dass eine faire Münze vorliegt, mit sehr großer Sicherheit verworfen werden. Bei den drei anderen Fällen ist dies wegen der Größe des α-Fehlers nicht möglich.

Legt man für den α-Fehler eine obere Grenze fest, das so genannte ***Signifikanzniveau***, so kann man dazu einen ***Akzeptanzbereich*** für den erwarteten Mittelwert 500 berechnen (↗ S. 54) und eine Entscheidungsregel angeben.

Signifikanzniveau	**Akzeptanzbereich**
5 %	[469; 531]
1 %	[459; 541]
0,1 %	[448; 552]

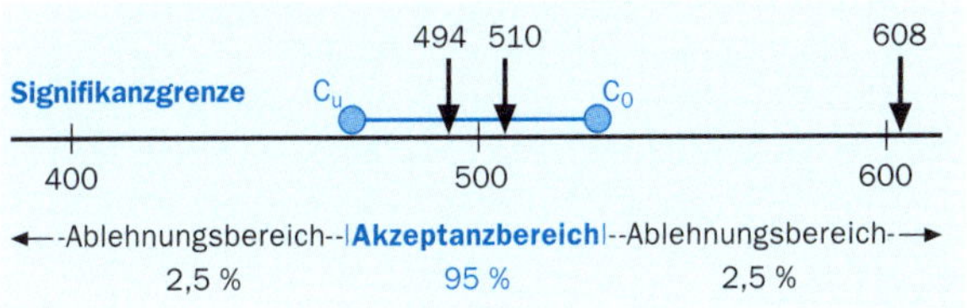

Hier kann man deutlich erkennen, dass der Wert 608 beim Drehen der 2-Euro-Münze weit außerhalb dieser Vertrauensintervalle liegt, währen die drei anderen Werte 494, 510 und 507 bereits bei einem Signifikanzniveau von 5 % recht zentral in dem Vertrauensintervall liegen. Diese Werte weichen also mit sehr hoher Wahrscheinlichkeit nur zufällig vom erwarteten Mittelwert 500 ab.
Der hier durchgeführte Test ist ein ***zweiseitiger Test***, da hier Abweichungen nach beiden Seiten berücksichtigt werden. Die 5 % des Signifikanzniveaus werden in zweimal 2,5 % für den unteren und oberen ***Ablehnungsbereich*** der Hypothese aufgeteilt.

Zusammenfassung: Beim ***Testen*** hat man eine Vermutung ***(Hypothese)*** über die Grundgesamtheit und schließt aufgrund der gewonnenen Daten aus einer statistischen Erhebung unter Verwendung einer Entscheidungsregel, ob die Hypothese mit gutem Grund abgelehnt werden kann. Dies ist der Fall, wenn ***signifikante Abweichungen*** im Stichprobenergebnis auftreten. Zu dem Test kann man dann ***Fehlerwahrscheinlichkeiten*** und ***Vertrauensintervalle*** berechnen.

Übliche Vorgehensweise beim ***Signifikanztest***:

1. Formulierung der Hypothese.
2. Festlegung des Stichprobenumfangs n,
   der ***Testgröße*** X,
   des Signifikanzniveaus.
3. Bestimmung der Entscheidungsregel.
   (Akzeptanz- und Ablehnungsbereich ermitteln)
4. Testdurchführung und Entscheidung.

Die hier angegebene Reihenfolge wird in der Praxis nicht immer eingehalten. Oft liegen Testergebnisse bereits vor und erst im Nachhinein wird eine Hypothese formuliert und zu einem Signifikanzniveau der Akzeptanzbereich und damit die Entscheidungsregel ermittelt.

Diese Vorgehensweise beim Signifikanztest wird nun auf das 3. Grundproblem (Gezinkter Würfel? ↗ S. 47) zur Prüfung der Frage, ob der Würfel fair ist, angewandt. (Obwohl die Augenzahl des Würfels nicht normalverteilt ist, ist das Stichprobenmittel wegen des großen Stichprobenumfangs angenähert normalverteilt. Also kann ein Vertrauensintervall und damit ein Akzeptanzbereich ermittelt werden.)

1. Hypothese: Der Würfel ist fair: $\mu = 3{,}5$
2. Der Stichprobenumfang beträgt $n = 600$, die Testgröße ist das Stichprobenmittel und als Signifikanzniveau wählen wir 1 %.
3. Man bestimmt das Vertrauensintervall um den Erwartungswert 100 für das Signifikanzniveau von 1 %. Man erhält den Akzeptanzbereich: [3,34; 3,66].
4. Der Test ist in diesem Fall bereits durchgeführt. Das Testergebnis liegt im Akzeptanzbereich. Der Würfel wird also mit hoher Sicherheit als fair eingeschätzt.

Behauptung eines Autoherstellers: Benzinverbrauch unter 5 Liter je 100 km.
Bei 40 Testfahrten wurde ein Mittelwert von 5,12 Litern bei einer Standardabweichung von 0,34 Liter ermittelt. Kann die Behauptung aufgrund dieses Mittelwerts über 5 Liter zurückgewiesen werden?
Hier ist nur ein ***einseitiger Test*** erforderlich, von dem Teile schon durchgeführt sind. Das Signifikanzniveau muss noch gewählt werden und dazu ist dann nur die obere Signifikanzgrenze c_o zu bestimmen. Das Auto darf ja weniger als 5 Liter je 100 km verbrauchen.
Als obere Signifikanzgrenze c_o erhält man:
Für das Signifikanzniveau 5 %: $c_o \approx 5{,}09$ Liter.
Für das Signifikanzniveau 1 %: $c_o \approx 5{,}13$ Liter.
Hier hängt die Entscheidung vom gewählten Signifikanzniveau ab. Im 1. Fall würde man die Behauptung zurückweisen, im 2. Fall, bei höherer Sicherheit, kann man die Behauptung nicht ablehnen.

Man könnte nun meinen, dass es doch am sinnvollsten wäre, das Signifikanzniveau möglichst niedrig zu wählen. Doch Vorsicht! An dieser Stelle kommt der Fehler 2. Art ins Spiel.

Jede Verringerung der Wahrscheinlichkeit für den ***Fehler 1. Art*** hat eine Vergrößerung der Wahrscheinlichkeit des ***Fehlers 2. Art*** zur Folge.

Im Beispiel des Würfels bedeutet dies: Je geringer man die Irrtumswahrscheinlichkeit für den Fehler 1. Art wählt, d. h. je größer der Akzeptanzbereich (das Vertrauensintervall) ist, desto wahrscheinlicher wird ein nicht fairer Würfel als fair eingestuft (Fehler 2. Art). Entscheidend ist nun, wie der Fehler 2. Art zu bewerten ist. Geht es im Beispiel des Würfels um Glücksspiel, so kann ein unfairer Würfel, der fälschlich als fair eingestuft wird, unter Umständen viel Geld kosten.

Besonders bei medizinischen Untersuchungen, die auch als Tests aufgefasst werden können, ist der Fehler 2. Art nicht zu unterschätzen. Bedeutet doch hier ein falscher positiver Befund bei den gesunden Personen oft wochenlange Angst und unnötige Operationen mit allen möglichen Folgen.

5 Testergebnisse interpretieren

Für die Bewertung von Testergebnissen in der Praxis sind oft zusätzliche statistische Informationen erforderlich. Dies soll hier an zwei Beispielen gezeigt werden.

HIV-positiv?

Eine Person lässt einen HIV-Test machen. Der Test erkennt Gesunde und Kranke mit einer Wahrscheinlichkeit von 99,99 %. Das Testergebnis ist positiv. Wie groß ist die Wahrscheinlichkeit, dass diese Person infiziert ist?
Viele werden hier 99,99 % antworten. Um diese Frage jedoch richtig beantworten zu können fehlt eine Information:

Gehört die Person zu einer HIV-Risikogruppe oder nicht.

Von 10 000 Personen, die **keiner HIV-Risikogruppe** angehören, ist statistisch gesehen eine Person infiziert. Werden nun 10 000 gesunde Personen getestet, so sind zwei positive Testergebnisse zu erwarten: Die eine infizierte Person von diesen 10 000 Personen wird mit diesem Test (mit 99,99 % Wahrscheinlichkeit) erkannt und eine gesunde Person wird fälschlich positiv getestet. Die Wahrscheinlichkeit, dass die positiv getestete Person aus einer Nicht-HIV-Risikogruppe tatsächlich infiziert ist, beträgt also nur **50 %**.

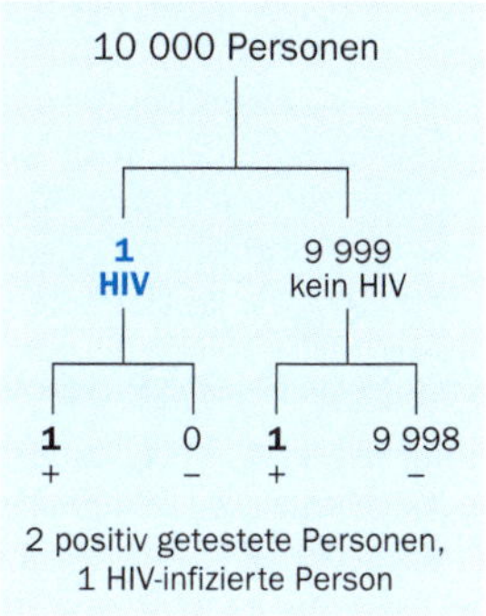

Für Personen **einer HIV-Risikogruppe** ist diese Wahrscheinlichkeit wesentlich höher. Nimmt man an, dass hier der Grundanteil der infizierten Personen 1 % beträgt, erhält man folgendes Ergebnis: Von 10 000 Personen, die einer HIV-Risikogruppe angehören, sind statistisch gesehen 100 Personen infiziert. Werden nun 10 000 Personen einer HIV-Risikogruppe getestet, so werden 101 positive Testergebnisse erwartet. Bei den 100 infizierten Personen von diesen 10 000 Personen wird die Infizierung mit diesem Test (mit 99,99 % Wahrscheinlichkeit) erkannt und eine gesunde Person wird fälschlich positiv getestet.

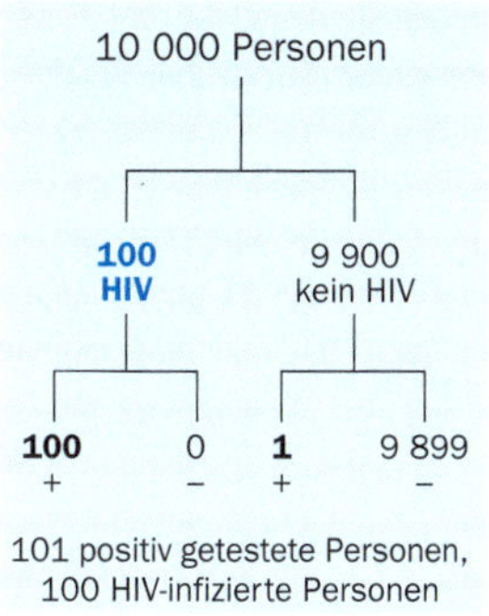

Die Wahrscheinlichkeit, dass die positiv getestete Person aus einer HIV-Risikogruppe tatsächlich infiziert ist, beträgt also $100:101 \approx$ **99 %**.

Die Bewertung des Testergebnisses hängt also ganz entscheidend von dem Grundanteil der infizierten Personen ab.

Dass bei medizinischen Untersuchungen (Tests) sowohl falsch-positive als auch falsch-negative Ergebnisse auftreten können, wird leider von manchen Ärzten und vielen Informationsbroschüren ignoriert. Meist wird eine Gewissheit verbreitet, die tatsächlich nicht besteht.

Der genetische Fingerabdruck

In Mord- und Vergewaltigungsprozessen wird immer häufiger als Indiz die Übereinstimmung von DNA-Spuren am Tatort mit der DNA des Beschuldigten verwendet. Nehmen wir an, dass in einem Mordfall theoretisch eine Million Männer als Täter in Frage kommen. Da keine weiteren Indizien und Zeugenaussagen vorliegen, wird ein DNA-Reihentest durchgeführt. Der DNA-Test ist ein medizinischer Test, der auch nur eine gewisse Genauigkeit und damit eine Irrtumswahrscheinlichkeit hat.
Die Irrtumswahrscheinlichkeit des Tests, dass eine Übereinstimmung diagnostiziert wird, obwohl die DNA unterschiedlich ist, beträgt nur 0,001 %. Nach einigen tausend Tests wird bei einer Person eine Überseinstimmung festgestellt.
Kann jetzt die Testreihe abgebrochen werden? Wie groß ist die Wahrscheinlichkeit, dass die DNA dieser Testperson wirklich vom Täter stammt?

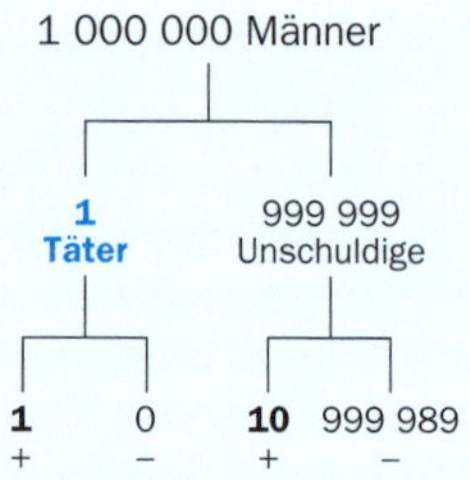

11 Personen mit übereinstimmenden Testergebnissen, darunter ist der Täter.

Statistisch hat einer von einer Million Männern den gleichen genetischen Fingerabdruck wie die am Tatort gefundene Probe. Bei einer Million Tests wird also diese eine Person gefunden, aber zusätzlich wird bei 10 Personen fälschlich eine Übereinstimmung festgestellt. Es kämen folglich aufgrund der Testergebnisse elf Personen als Täter in Frage. Die Wahrscheinlichkeit, dass die gefundene DNA wirklich vom Beschuldigten stammt, beträgt also 1/11 ≈ **9,1 %**.

▶ S. 68

Ist dein Würfel fair?

1. Datenerhebung: Würfle mit deinem Würfel 100-mal und notiere die jeweils geworfene Augenzahl in der **Urliste**.

2. Datenaufbereitung: Zähle die Urliste aus und bestimme für jede Augenzahl die **absolute** bzw. **relative Häufigkeit**.

Augen-zahl	**Strich-liste**	**absolute Häufigkeit**	**relative Häufigkeit**
1		$n_1 =$	
2		$n_2 =$	
3		$n_3 =$	
4		$n_4 =$	
5		$n_5 =$	
6		$n_6 =$	
		100	100 %

Teste selbst!

3. Graphische Darstellung: Erstelle ein Histogramm.

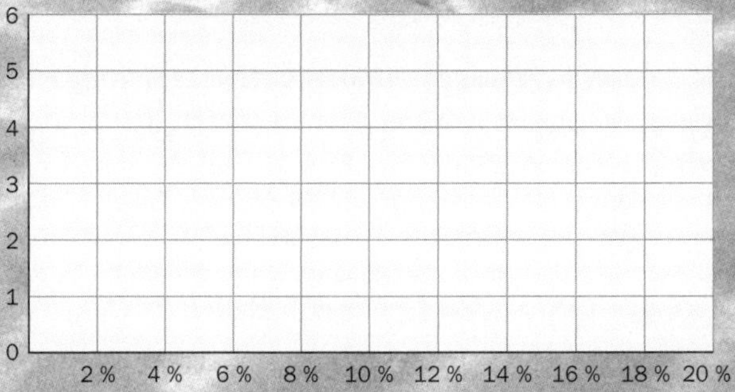

4. Berechnung statistischer Kennwerte:

Stichprobenmittelwert $\bar{x}$ (↗ S. 38):

$$\bar{x} = \frac{1}{100}(n_1 \cdot 1 + n_2 \cdot 2 + n_3 \cdot 3 + n_4 \cdot 4 + n_5 \cdot 5 + n_6 \cdot 6) = \_\_\_\_$$

Standardabweichung *s* der Stichprobe (↗ S. 41):

$$s = \sqrt{\frac{1}{100}\left[n_1 \cdot (1-\bar{x})^2 + n_2 \cdot (2-\bar{x})^2 + \ldots + n_6 (6-\bar{x})^2\right]} = \_\_\_\_$$

Zeichne in das Histogramm den Stichprobenmittelwert und die Standardabweichung ein (↗ S. 52).

5. Hypothesenüberlegung: Der Würfel ist fair. Berechnung des **Akzeptanzbereichs** (↗ S. 59) für das Signifikanzniveau 1 %:

$$\left[3{,}5 - 2{,}58 \cdot \frac{s}{\sqrt{100}} \,;\, 3{,}5 + 2{,}58 \cdot \frac{s}{\sqrt{100}}\right] = [\_\_\_\_\_ ; \_\_\_\_\_]$$

Zeichne den Akzeptanzbereich in das Histogramm ein und entscheide: Der Würfel ist ❑ fair ❑ nicht fair.

Mehrdimensionale Statistik

1 Zweidimensionale Häufigkeitsverteilungen

Werden bei einer Untersuchung gleichzeitig mehrere Merkmale (Variablen) in ihren Ausprägungen erhoben und untersucht, spricht man von ***multivariater Statistik***. Solche Erhebungen werden insbesondere dann durchgeführt, wenn z. B. vermutet wird, dass die Ausprägung eines Merkmals durch ein oder mehrere andere Merkmale beeinflusst wird.

Beispiel: Autoversicherer interessieren sich dafür, ob es einen Zusammenhang zwischen dem Geschlecht, dem Alter der Fahrer und der Unfallhäufigkeit gibt.

Je mehr Merkmale gleichzeitig betrachtet werden, desto schwieriger sind Ergebnisse graphisch darzustellen und zugehörige statistische Kenngrößen zu berechnen. Beispiele aus der zweidimensionalen beschreibenden Statistik sollen Einblick in Darstellung und Aufbereitung der Daten geben.

Die Beispiele zeigen …
- … Merkmale, deren Ausprägungen lediglich Unterschiede darstellen (Nominalskala).
- … Merkmale, deren Ausprägungen in einer Rangreihe stehen (Ordinalskala).
- … Merkmale, deren Ausprägungen absolute Werte sind (Verhältnisskala).

Je nachdem, auf welchem Skalenniveau (↗ S. 16) die einzelnen Merkmale erhoben werden, ergeben sich besondere Bedingungen der Darstellung.

Internetzugang und Besitz eines Handys

Bei 100 Personen wird erhoben, ob sie ein Handy besitzen (Merkmal 1) und ob sie einen Internetzugang haben (Merkmal 2).
Die Ergebnisse der Untersuchung werden in einer ***Häufigkeitsmatrix*** dargestellt:

	Handy Ja	Handy Nein	**Summe**
Internet Ja	45	8	**53**
Internet Nein	30	17	**47**
Summe	**75**	**25**	**100**

Die beiden Merkmale können jeweils die Ausprägungen „ja" und „nein" annehmen, beide Merkmale sind also nominalskaliert (↗ S. 16).
Anmerkung: Die obige Matrix wird wegen der vier innenliegenden Datenfelder auch ***Vier-Felder-Tafel*** genannt.

Welche Informationen lassen sich aus der Matrix entnehmen?
In den ***Randverteilungen*** rechts und unten ist die Häufigkeitsverteilung für jedes Merkmal einzeln ablesbar:

Die rechte Randspalte zeigt die Verteilung für das Merkmal „Internetzugang":

	Ja	Nein	Summe
Internet	53	47	100

Die untere Randspalte beinhaltet für das Merkmal „Besitz eines Handys" die folgenden Häufigkeiten:

	Ja	Nein	Summe
Handy	75	25	100

Die Felder im Innern der Matrix geben an, wie die Merkmalsausprägungen miteinander kombiniert sind: Zum Beispiel besitzen 45 der befragten Personen ein Handy und zugleich einen Internetzugang, 8 Personen haben zwar einen Internetzugang, besitzen jedoch kein Handy.

Die graphische Darstellung der zweidimensionalen Häufigkeitsverteilung ergibt ein dreidimensionales Stabdiagramm. Die Grundfläche wird durch die beiden Merkmale erzeugt, die Häufigkeiten der Merkmalskombinationen werden durch Stäbe über den Merkmalsfeldern dargestellt:

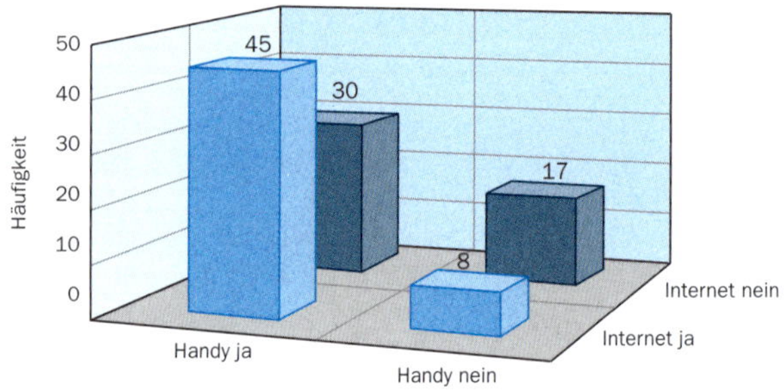

Das Ergebnis der Befragung lässt vermuten, dass Personen die ein Handy besitzen, wahrscheinlich auch einen Internetzugang haben. Wenn sich ein solcher Zusammenhang statistisch nachweisen lässt (die Berechnungen hierzu erfolgen im Abschnitt 2 „Korrelation – ein Maß für Zusammenhänge", ↗ S. 74 ff.), dann bedeutet dies allerdings nur, dass die Nutzung der beiden Kommunikationsmittel Handy und Internet von den befragten Personen gleichermaßen erfolgt. Ein sachlicher Zusammenhang in der Art, dass aus dem Besitz eines Handys sich die Internetnutzung ergibt oder umgekehrt, kann nicht gefolgert werden. Eher wird es wohl so sein, dass Personen, die technischen Anwendungen aufgeschlossen sind, beide Kommunikationsmittel eher nutzen als andere. Damit könnte durch ein drittes Merkmal „Aufgeschlossenheit gegenüber neuen technischen Anwendungen" der statistische Zusammenhang sachlich erklärbar werden.

Theorie und Praxis

10 Auszubildende eines Unternehmens haben in einer theoretischen und in einer praktischen Prüfung von jeweils maximal 100 Punkten die folgenden Ergebnisse erzielt:

Auszubildender	A	B	C	D	E	F	G	H	I	J
Punkte Theorie	70	95	75	91	74	96	88	87	68	69
Punkte Praxis	72	98	70	89	84	95	80	82	75	73

Die Geschäftsleitung belohnt das Abschneiden in den Prüfungen mit Sonderzahlungen, die sich nicht an den Punktergebnissen der Prüfungen orientieren, sondern an den Rangplätzen, die die Auszubildenden in den Prüfungen erreicht haben.
Die Ergebnisse der 10 Auszubildenden in der praktischen bzw. in der theoretischen Prüfung werden deshalb jeweils in eine Rangreihe von 1 bis 10 gebracht:
Merkmal 1: Rangplatz in der theoretischen Prüfung
Merkmal 2: Rangplatz in der praktischen Prüfung

Rangtabelle:

Auszubildender	A	B	C	D	E	F	G	H	I	J
Rangplatz Theorie	8	2	6	3	7	1	4	5	10	9
Rangplatz Praxis	9	1	10	3	5	2	6	4	7	8

Es liegen hier rangskalierte Daten vor: Das heißt, es spielt nur die Reihenfolge der Prüfungsergebnisse eine Rolle, die Unterschiede zwischen den Ergebnissen werden hier nicht weiter in Betracht gezogen.

Eine graphische Darstellung der Ergebnisse ist in einem Diagramm möglich, an dessen Achsen die Rangplätze abgetragen sind. (Da es keinen Rangplatz 0 gibt, wird an den Achsen kein „Nullpunkt“ markiert, der Achsenschnittpunkt ist hier beim niedrigsten Rangplatz 1.)

Das Gesamtergebnis eines jeden Auszubildenden wird als Punkt mit den Werten (Rangplatz Theorie; Rangplatz Praxis) ähnlich wie in einem Koordinatensystem markiert, z. B. wird das Ergebnis des Auszubildenden A durch den Punkt (8;9) dargestellt.
Im Diagramm markiert die blaue Linie diejenigen Ergebnisse, bei denen in der Theorie- und in der Praxisprüfung der gleiche Rang erreicht wurde: dies trifft für Auszubildenden D zu. Die Markierungen derjenigen Auszubildenden, die in der Praxis einen besseren Rangplatz erreicht haben als in der Theorie, liegen unter der blauen Linie, oberhalb sind die Markierungen zu finden, bei denen der Rangplatz im Theorieteil besser war als der im Praxisteil.

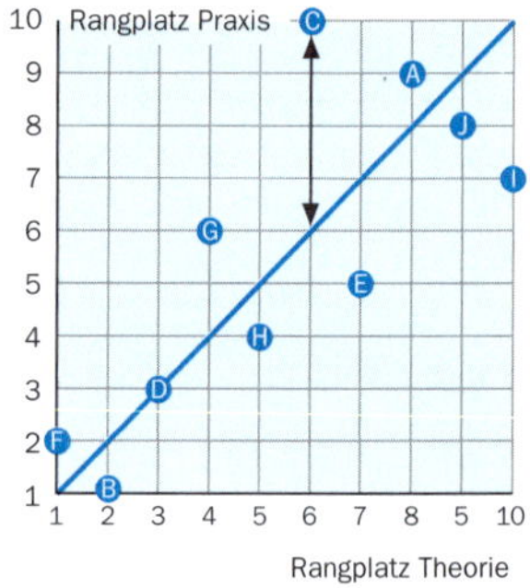

Weiter gilt: Je größer der Abstand eines Punktes von der blauen Linie ist, desto größer ist der Rangunterschied in den beiden Prüfungen: Für den Auszubildenden C sind dies genau 4 Rangplätze.
Man beachte: Es werden hier nur die Rangplätze und nicht die Prüfungsergebnisse verglichen. Zum Beispiel hat der Auszubildende A in der Theorie weniger Punkte erreicht (70) als in der Praxis (72), sein Rangplatz in der Theorie (8) ist dagegen höher als in der Praxis (9).

Das Diagramm macht deutlich, dass das Abschneiden in den beiden Prüfungen relativ gleichartig zu erfolgen scheint: Gute „Theoretiker" sind demnach auch gute „Praktiker". Auch hier kann diese Vermutung durch ein statistisches Maß zahlenmäßig erfasst werden (siehe Abschnitt 2 „Korrelation – ein Maß für Zusammenhänge", ↗ S. 74 ff.).

Alter und Merkfähigkeit

An einem Gedächtnistest mit 100 Merkaufgaben nehmen 10 Teilnehmer verschiedenen Alters teil. Für jeden Teilnehmer wird das Alter (Merkmal 1) in Jahren und als Testergebnis (Merkmal 2) die Anzahl der richtigen wiedergegebenen Merkaufgaben erhoben.

Ergebnisse im Gedächtnistest:

Testperson	A	B	C	D	E	F	G	H	I	J
Alter in Jahren	32	58	55	21	65	18	38	48	61	45
Testergebnis	65	41	54	72	46	92	78	76	35	61

Beide Merkmale werden mit einer absoluten Skala erfasst. Es können also auch Differenzen und Verhältnisse der Daten interpretiert werden, z. B. „X ist doppelt so alt wie Y", „X hat 20 Merkaufgaben mehr wiedergegeben als Y".

Die graphische Darstellung der Daten erfolgt in einem ***Streudiagramm***, auch ***Scatterplot*** genannt, dessen Achsen entsprechend den Merkmalsausprägungen „Alter in Jahren" und „Anzahl der richtigen Lösungen" unterteilt sind. Der Pfeil zeigt auf den Punkt (32; 65).

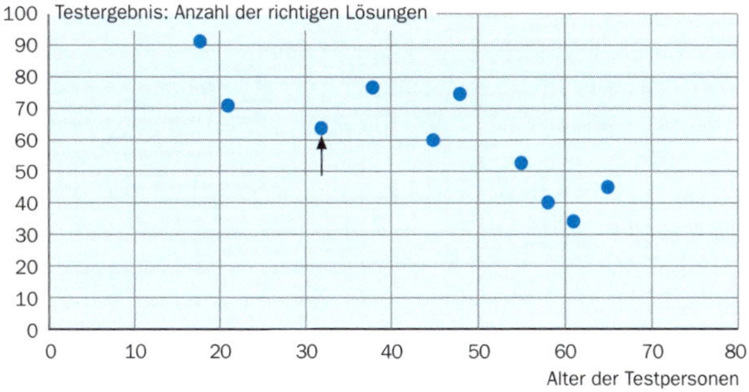

Zu jedem Wertepaar (Alter; Testergebnis) werden Punkte im kartesischen Koordinatensystem markiert, alle Punkte zusammen bilden dann eine ***Punktwolke***. Für die Testperson A ist der Punkt mit den Koordinaten (32;65) durch den Pfeil gekennzeichnet.

Die Lage der Punkte im Koordinatensystem lässt vermuten, dass zwischen dem Alter der Testpersonen und dem Testergebnis ein Zusammenhang in der Form besteht, dass mit zunehmendem Alter die Merkfähigkeit (gemessen durch die Anzahl richtig wiedergegebener Merkaufgaben) nachlässt. Zur quantitativen Untersuchung dieser Überlegungen siehe folgenden Abschnitt 2 „Korrelation – ein Maß für Zusammenhänge".

2 Korrelation – ein Maß für Zusammenhänge

Statistische Untersuchungen, bei denen gleichzeitig mehrere Merkmale erhoben werden, haben ihren Ausgangspunkt meist in der Vermutung, dass die Ausprägung eines Merkmals A durch ein oder mehrere andere Merkmale B, C, D, … beeinflusst wird, dass also ein Zusammenhang zwischen den erhobenen Merkmalen besteht.

Eine Klärung dieser Fragestellung kann mit Hilfe statistischer Berechnungsmethoden erfolgen: Das Ausmaß des Zusammenhangs zwischen verschiedenen Merkmalen wird statistisch durch die so genannte ***Korrelation*** beschrieben. Bei allen statistischen Berechnungen muss allerdings beachtet werden, dass die Rechenverfahren sich stets auf Zahlenwerte beziehen und die Berechnungsergebnisse nur aufzeigen, ob ein zahlenmäßiger Zusammenhang zwischen den (codierten) Werten der Merkmale vorliegt oder nicht. Inwieweit damit auch ein inhaltlicher Zusammenhang zwischen den zugrunde liegenden Merkmalen besteht, ist deshalb jedoch noch nicht gesagt. Es ist also immer noch zusätzlich eine Interpretation der Berechnungsergebnisse notwendig. Voraussetzung für eine sinnvolle statistische Analyse von Erhebungsdaten, ist daher, dass bereits vorher überlegt wird, ob denn überhaupt eine sachliche Beziehung zwischen den erhobenen Merkmalen besteht.

Je mehr Merkmale gleichzeitig betrachtet werden sollen, desto komplexer sind die statistischen Berechnungsverfahren für die Kenngrößen. Weiter bestimmt das Skalenniveau (↗ S. 16), dem die Ausprägungen der erhobenen Merkmale entsprechen, welche Berechnungen zulässig sind.
Dadurch ergeben sich bereits für zwei erhobene Merkmale eine Vielzahl zu beachtender Aspekte, sodass hier auch nur exemplarisch das Grundprinzip der statistischen Berechnungsverfahren verdeutlicht wird. Dazu werden die Beispiele aus dem Abschnitt 1 „Zweidimensionale Häufigkeitsverteilungen" (↗ S. 68 ff.) herangezogen.

Merkmale auf Nominalniveau:
Internetzugang und Besitz eines Handys (↗ S. 69)

Die Fragestellung bei 100 Personen, ob sie ein Handy besitzen (Merkmal 1) und ob sie einen Internetzugang haben (Merkmal 2) ergab die folgende Häufigkeitsmatrix:

	Handy Ja	Handy Nein	**Summe**
Internet Ja	45	8	**53**
Internet Nein	30	17	**47**
Summe	**75**	**25**	**100**

Das Ergebnis der Befragung lässt vermuten, dass Personen die ein Handy besitzen, auch mit hoher Wahrscheinlichkeit einen Internetzugang haben.

Um diese Überlegung zu überprüfen, wird zunächst Folgendes überlegt: Wenn überhaupt kein Zusammenhang zwischen den Merkmalen vorliegt, dann sollten sich ausgehend von der Häufigkeitsverteilung der einzelnen Merkmale die Häufigkeiten für die vier möglichen Merkmalskombinationen proportional zu den Werten in den Randspalten verteilen.

Da z. B. 75/100 der gesamten befragten Personen ein Handy besitzen, sollten von den 53 Internetnutzern ebenfalls 75 % ein Handy gehören: 75 % von 53 Personen ergibt $39{,}75 \approx 40$ Personen. Entsprechend haben insgesamt 47/100 der Befragten kein Internet, also würde man erwarten, dass von den 25 Personen ohne Handy ebenso 47 % kein Internet haben: 47 % von 25 Personen ergibt $11{,}75 \approx 12$ Personen.
Als vollständige Tabelle mit den erwarteten Häufigkeiten (Rechenergebnisse und gerundete Werte) ergibt sich:

	Handy Ja	Handy Nein	**Summe**
Internet Ja	39,75 ≈ **40**	13,25 ≈ **13**	**53**
Internet Nein	35,25 ≈ **35**	11,75 ≈ **12**	**47**
Summe	**75**	**25**	**100**

Die Randverteilungen für die einzelnen Merkmale bleiben jeweils erhalten.

Diese „ideale“ proportionale Verteilung bei einer statistischen Untersuchung zu erhalten, ist eher unwahrscheinlich; kleinere Abweichungen sind normal. Weiter werden in der Realität auch zufällige Unterschiede auftreten, die noch keinen Zusammenhang zwischen den Merkmalen darstellen. Die Frage ist nun, ob die Abweichungen der hier beobachteten Merkmalsausprägungen von den erwarteten Häufigkeiten mit ausreichend hoher Wahrscheinlichkeit als zufällig angesehen werden können.

Eine Möglichkeit, den Zusammenhang zwischen den beiden nominalskalierten Merkmalen zahlenmäßig auszudrücken, bietet ein spezielles Korrelationsmaß, hier die ***Vier-Felder-Korrelation*** oder ***Phi-Korrelation*** r_{phi}. Bei der Vier-Felder-Korrelation wird die tatsächliche Häufigkeitsverteilung mit der aufgrund der Randverteilung erwarteten Verteilung (siehe obiges Beispiel) verglichen. Ausgehend von den auftretenden Differenzen der Häufigkeitswerte in den vier Feldern wird dann der ***Korrelationskoeffizient*** r_{phi} berechnet.

Eine praktische Formel für r_{phi} verwendet direkt die Tabelle der erhobene absoluten Häufigkeiten a, b, c, d in den vier Feldern der Merkmalskombinationen und die Randwerte S_1, S_2, S_3 und S_4:

			Summe
	a	b	$a + b = S_1$
	c	d	$c + d = S_2$
Summe	$a + c = S_3$	$b + d = S_4$	N

Mit diesen Bezeichnungen gilt für den Korrelationskoeffizienten

$$r_{phi} = \frac{b \cdot c - a \cdot d}{\sqrt{S_1 \cdot S_2 \cdot S_3 \cdot S_4}}$$

Zur Interpretation von r_{phi} wird bei nominalskalierten Daten nur sein Betrag herangezogen, da bei solchen Merkmalen Vergleiche der Art „mehr – weniger" nicht sinnvoll sind.

Der Korrelationskoeffizient r_{phi} kann Werte zwischen 0 und 1 annehmen. Dabei bedeutet der Wert $r_{\text{phi}} = 0$, dass bei den beobachteten Merkmalsausprägungen eine völlige (statistische) Unabhängigkeit der beiden Merkmale anzunehmen ist. Der Wert $r_{\text{phi}} = 1$ würde eine vollständige Abhängigkeit anzeigen.

Der Wert $\boldsymbol{r_{\text{phi}} = 0}$ ergibt sich rechnerisch, wenn die erhobenen Häufigkeiten mit den erwarteten Häufigkeiten übereinstimmen. Da sich in der Realität aufgrund von zufälligen Abweichen sehr selten genau 0 ergeben wird, wird auch bei einem Wert von r_{phi} in der Nähe von 0 ein Zusammenhang der beiden Merkmale nicht angenommen.

Der Wert $\boldsymbol{r_{\text{phi}} = 1}$ ergibt sich bei folgender Verteilungstabelle:

			Summe
	a	0	$a = S_1$
	0	d	$d = S_2$
Summe	$a = S_3$	$d = S_4$	N

In diesem Fall ist also das Auftreten einer bestimmten Ausprägung bei Merkmal 1 stets mit einer bestimmten Ausprägung bei Merkmal 2 gekoppelt.
Aus den gleichen Gründen wie bei $r_{phi} = 0$ wird auch der Wert $r_{phi} = 1$ in der Realität selten anzutreffen sein, so dass bereits bei Werten in der Nähe von 1 ein starker Zusammenhang zwischen den Merkmalen angenommen wird.

Im vorliegenden Beispiel erhält man für den Korrelationskoeffizienten $r_{phi} = \frac{8 \cdot 30 - 45 \cdot 17}{\sqrt{53 \cdot 47 \cdot 75 \cdot 25}} = -0{,}24$
bzw. ohne Berücksichtigung des Vorzeichens $r_{phi} = 0{,}24$.
Damit liegt für die erhobenen Daten ein relativ niedriger Wert für r_{phi} vor, sodass der Zusammenhang zwischen den beiden Merkmalen „Internetzugang" und „Besitz eines Handys" als gering einzuschätzen ist.

Eine genauere Untersuchung, mit welcher Wahrscheinlichkeit die beobachteten Häufigkeiten von den erwarteten abweichen, erfordert weitere statistische Methoden, die wegen ihrer Komplexität hier nicht dargestellt werden. Werden Merkmale mit mehr als zwei Ausprägungen zueinander in Beziehung gesetzt, lassen sich entsprechende Korrelationskoeffizienten berechnen. Aufgrund der vielfältigeren Datenbeziehungen sind diese Formeln etwas komplexer.

Merkmale mit einer Rangskala: Theorie und Praxis (↗ S. 71)

Nach einer praktischen bzw. in einer theoretischen Prüfung wurden die Ergebnisse von 10 Auszubildenden jeweils in eine Rangreihe gebracht und eine Rangtabelle aufgestellt.
Merkmal 1: Rangplatz in der theoretischen Prüfung
Merkmal 2: Rangplatz in der praktischen Prüfung

Auszubildender	A	B	C	D	E	F	G	H	I	J
Rangplatz Theorie	8	2	6	3	7	1	4	5	10	9
Rangplatz Praxis	9	1	10	3	5	2	6	4	7	8

Es soll nun der Zusammenhang zwischen den Rangplatzverteilungen untersucht werden, d.h., inwieweit z.B. gute „Theoretiker“ auch gute „Praktiker“ sind.

Zunächst werden zwei extreme Fälle für einen Zusammenhang angenommen:

1. Die beiden Rangreihen stimmen vollständig überein. Dann kann aus dem Ergebnis der ersten Prüfung auf das Ergebnis der zweiten Prüfung eindeutig geschlossen werden (d.h. man könnte sich die Durchführung der zweiten Prüfung eigentlich sparen).
2. Die beiden Rangreihen sind vollständig gegenläufig: Rang 1 in der „Theorie“ hat Rang 10 in der „Praxis“, Rang 2 in der „Theorie“ hat Rang 9 in der „Praxis“, usw. Auch hier kennt man mit dem Ergebnis der einen Prüfung das Ergebnis der zweiten Prüfung.

Ein geringer Zusammenhang wird festzustellen sein, wenn die Unterschiede zwischen den Rangplätzen sich nicht regelmäßig verteilen.
Quantitativ wird der Zusammenhang zwischen zwei rangskalierten Merkmalen durch den ***Rangkorrelationskoeffizienten r_S*** von SPEARMAN ausgedrückt. Bei der Rangkorrelation werden die auftretenden Differenzen der Ränge eines jeden Merkmalsträgers zur Berechnung des Rangkorrelationskoeffizienten r_S herangezogen.

Formel für den Rangkorrelationskoeffizienten r_S nach SPEARMAN:

$$r_S = 1 - \frac{6 \cdot (D_1^2 + D_2^2 + \ldots + D_n^2)}{n \cdot (n^2 - 1)}.$$

Dabei sind $D_1, \ldots, D_n$ die Differenzen der Rangplätze für jeden der n Merkmalsträger.

Der Rangkorrelationskoeffizient r_S kann Werte zwischen –1 und +1 annehmen. Diese beiden Werte stehen für die oben beschriebenen Extremfälle:

Der Wert $r_S = 1$ ergibt sich bei einer völligen Übereinstimmung der beiden Rangreihen. Den Wert $r_S = -1$ erhält man bei vollkommen gegenläufigen Rangreihen.
Ein Wert $r_S = 0$ bedeutet, dass bei den beobachteten Daten eine völlige (statistische) Unabhängigkeit der beiden Rangreihen anzunehmen ist. Da sich aber der Wert 0 bei realen Untersuchungen aufgrund zufälliger Abweichungen auch bei tatsächlich voneinander unabhängigen Merkmalen kaum ergeben wird, wird man bereits dann keinen Zusammenhang der Ränge annehmen, wenn der Wert des Rangkorrelationskoeffizienten nahe 0 ist.

Wegen des auftretenden Vorzeichens des Rangkorrelationskoeffizienten r_S spricht man von einem
positiven Zusammenhang, wenn $r_S > 0$ (pos. Korrelation),
negativen Zusammenhang, wenn $r_S < 0$ (neg. Korrelation).
Bei einem positiven Zusammenhang sind hohe Rangplätze im ersten auch mit hohen Rangplätzen im zweiten Merkmal verbunden. Ebenso kommen zu niedrigen Rangplätzen im ersten auch niedrige Rangplätze im zweiten Merkmal.
Bei einem negativen Zusammenhang gehören zu hohen Rangplätzen im ersten Merkmal dann niedrige Rangplätze im zweiten Merkmal, sowie zu niedrigen Rangplätze im ersten entsprechend hohe Rangplätze im zweiten Merkmal.
Bei statistischen Erhebungen mit rangskalierten Merkmalen wird für die Werte für den Korrelationskoeffizienten r_S also gelten: $-1 < r_S < +1$. Je näher r_S bei $+1$ liegt, desto stärker ist der positive Zusammenhang der Rangreihen, entsprechend je näher r_S bei -1 liegt, desto stärker ist ihr negativer Zusammenhang.
Achtung: Ausgehend vom Wert des Rangkorrelationskoeffizienten r_S kann nur auf die Stärke eines Zusammenhangs der Rangreihen der Merkmalsausprägungen geschlossen werden. Inwieweit bei einem entsprechenden Wert von r_S damit auch ein Zusammenhang der Merkmale selbst vorliegt oder nicht, kann über die Rangkorrelation nicht mit Sicherheit erschlossen werden.

Die Berechnung des Rangkorrelationskoeffizienten r_S *erfolgt bei statistischen Untersuchungen natürlich durch Computer mit Hilfe eines Statistikprogramms. Zum besseren Verständnis der Formel wird sie hier in Einzelschritte zerlegt:*
Zunächst werden die n = 10 Merkmalsträger mit Nummern 1 bis 10 versehen. Für jeden Merkmalsträger wird anschließend die Differenz seiner Rangplätze berechnet.
Über alle n Merkmalsträger bestimmt man nun die Summe der Quadrate dieser Differenzen: $D_1^2 + D_2^2 + \ldots + D_n^2$.
Aus dieser Summe und der Anzahl n der Merkmalsträger kann nun der Rangkorrelationskoeffizient r_S *berechnet werden.*
Für das vorliegende Beispiel werden die Rangplatzdifferenzen und ihre Quadrate in einer Tabelle zusammengestellt:
D = Rangplatz „Theorie" – Rangplatz „Praxis".

Auszubildenden-Nr.	*1*	*2*	*3*	*4*	*5*	*6*	*7*	*8*	*9*	*10*
Rangplatz Theorie	*8*	*2*	*6*	*3*	*7*	*1*	*4*	*5*	*10*	*9*
Rangplatz Praxis	*9*	*1*	*10*	*3*	*5*	*2*	*6*	*4*	*7*	*8*
Rangplatz-differenzen D	*-1*	*1*	*-4*	*0*	*2*	*-1*	*-2*	*1*	*3*	*1*
Quadrate der Differenzen D^2	*1*	*1*	*16*	*0*	*4*	*1*	*4*	*1*	*9*	*1*

Setzt man die Werte aus der Tabelle in die Formel für den Rangkorrelationskoeffizienten r_S *(↗ S. 79) ein, erhält man:*

$$r_S = 1 - \frac{6 \cdot (1 + 1 + 16 + 0 + 4 + 1 + 4 + 1 + 9 + 1)}{10 \cdot (10^2 - 1)} = 0{,}77.$$

Das Ergebnis der Berechnung zeigt, dass eine relativ hohe Rangkorrelation der beiden Merkmale „Rangplatz in der theoretischen Prüfung" und „Rangplatz in der praktischen Prüfung" vorliegt. Die Ausprägungen dieser Merkmale bei den einzelnen Auszubildenden stehen also in einem starken positiven Zusammenhang.

In der Realität kommt es gerade bei größeren Stichproben auch vor, dass mehrere Merkmalsträger den gleichen Rangplatz einnehmen. Für diesen Fall wird die Formel für die Rangkorrelation entsprechend angepasst.

Merkmale auf einer Verhältnisskala: Alter und Merkfähigkeit (↗ S. 73)

Die Ergebnisse eines Gedächtnistests mit 100 Merkaufgaben sind für 10 Teilnehmer zusammen mit deren Alter erfasst worden.

Datentabelle:

Testperson	A	B	C	D	E	F	G	H	I	J
Alter in Jahren	32	58	55	21	65	18	38	48	61	45
Testergebnis	65	41	54	72	46	92	78	76	35	61

(Merkmal 1: Alter in Jahren, Merkmal 2: Anzahl der richtigen wiedergegebenen Merkaufgaben)

Zeichnet man für jede Testperson die Wertepaare (Alter; Testergebnis) in ein Streudiagramm ein, entsteht der Eindruck, dass sich die entstehende Punktwolke entlang einer geraden Linie anordnet. Zur Veranschaulichung wurde in das Streudiagramm „freihändig" eine Trendlinie eingezeichnet, um die sich die Punkte gleichmäßig gruppieren.

Streudiagramm:

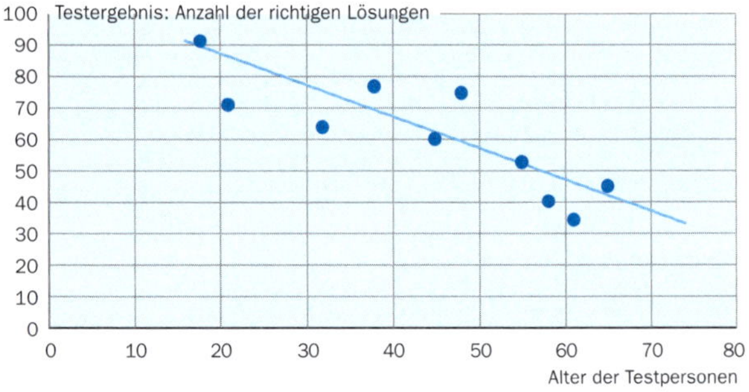

Da die Entfernungen der Punkte von der gezeichneten Linie nicht allzu groß sind, kann man also vermuten, dass zwischen den Merkmalsausprägungen ein so genannter ***linearer Zusammenhang*** besteht, in der Form, dass ältere Testpersonen tendenziell eine geringere Anzahl von Merkaufgaben richtig wiedergeben konnten.
Nachdem nun „durch Augenschein" ein linearer Zusammenhang angenommen wird, ist es sinnvoll, ein Maß für die Stärke dieses linearen Zusammenhangs zu berechnen: Der ***Korrelationskoeffizient r*** von PEARSON und BRAVAIS zeigt, wie gut eine Punktwolke durch eine Trendgerade dargestellt wird.

Berechnungsformeln den Korrelationskoeffizienten r:

$$r = \frac{\frac{1}{n}\sum (x_i - \overline{x})(y_i - \overline{y})}{\sqrt{(\frac{1}{n}\sum (x_i - \overline{x})^2} \sqrt{(\frac{1}{n}\sum (y_i - \overline{y})^2}}$$

Anmerkung zur Formel: Das Zeichen $\sum$ (Sigma) bedeutet, dass die Summe aus dem nachstehenden Ausdruck über alle Merkmalsträger gebildet werden soll.
Interpretation der Formel: Im Zähler wird über alle Merkmalsträger i das jeweilige Produkt der Abweichungen $(x_i - \overline{x})$ bzw. $(y_i - \overline{y})$ der Merkmalsausprägungen x_i bzw. y_i vom Mittelwert $\overline{x}$ bzw. $\overline{y}$ addiert und anschließend durch die Anzahl n der Merkmalsträger dividiert. Man erhält den Mittelwert der Abweichungsprodukte. Im Nenner stehen die Standardabweichungen (↗ S. 41 ff.) für die Merkmale X und Y.
Der Korrelationskoeffizient r nach PEARSON und BRAVAIS berücksichtigt praktisch gleichzeitig die Streuung beider Merkmale.
Wegen des hohen Rechenaufwands wird die Berechnung des Korrelationskoeffizienten üblicherweise mit Computerprogrammen durchgeführt.

Der Korrelationskoeffizient r kann Werte zwischen –1 und +1 annehmen: $-1 < r < +1$.
Werte in der Nähe von +1 bzw. –1 bedeuten einen starken positiven bzw. negativen (linearen) Zusammenhang der Daten.

Ähnlich wie bei der Rangkorrelation spricht man auch bei der linearen Korrelation allgemein von einem
positiven Zusammenhang, wenn $r > 0$ (pos. Korrelation),
negativen Zusammenhang, wenn $r < 0$ (neg. Korrelation).
Bei einem positiven Zusammenhang gehören zu größeren Werten des einen Merkmals auch größere Werte des zweiten Merkmals. Bei einem negativen Zusammenhang kommen zu steigenden Werten in einen Merkmal dann abnehmende Werte im zweiten Merkmal.
Werte von r in der Nähe von 0 haben die Bedeutung, dass kein linearer Zusammenhang zwischen den erhobenen Merkmalsausprägungen besteht. Es kann dann tatsächlich kein Zusammenhang zwischen den Merkmalen vorhanden sein, es kann aber auch eine andere, z. B. eine quadratische Gesetzmäßigkeit vorliegen, die durch einen linearen Ansatz nicht erfasst wird. Zur Veranschaulichung werden auf S. 85 für einige Werte von r mögliche Punktwolken dargestellt.

Im Beispiel erhält man $r = -0{,}84$ als Maß für den linearen Zusammenhang zwischen den **Daten** der beiden Merkmalsbereiche: Es liegt also ein starker negativer linearer Zusammenhang vor.
Aufgrund der doch recht kleinen Stichprobengröße mit dem Umfang $n = 10$ sollte man mit dem Schluss, dass damit bereits ein starker negativer Zusammenhang zwischen den Merkmalen „Alter“ und „Merkfähigkeit“ an sich belegt ist, noch vorsichtig sein. Denn man sollte berücksichtigen, dass auch zufällige Ergebnisse einen derart hohen Wert entstehen lassen können.
Bevor also aus statistischen Untersuchungsdaten weitreichende Schlüsse gezogen werden, sollte immer bestimmt werden, mit welcher Wahrscheinlichkeit die erhaltenen Ergebnisse auch zufällig zustande kommen können. Dieser Aufgabe wird in der beurteilenden Statistik nachgegangen.

Beispiele für Formen von Punktwolken und zugehörige Werte der Korrelationskoeffizienten r:

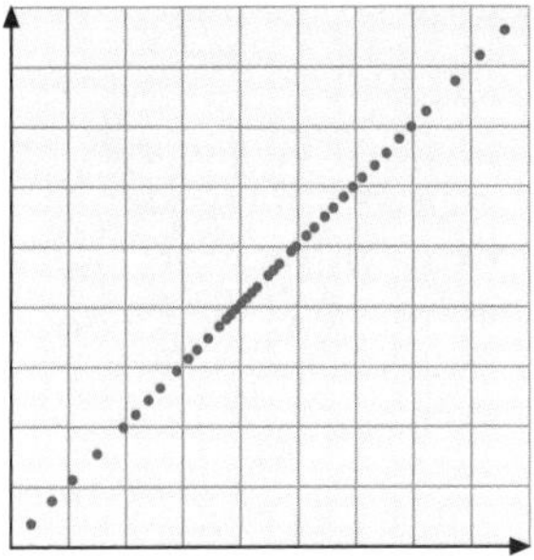

r = + 1

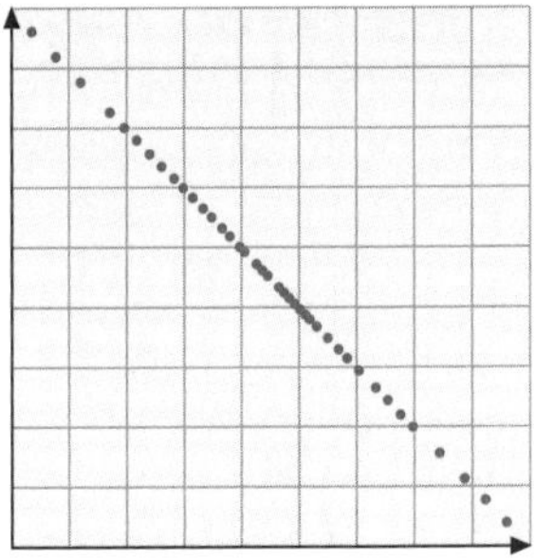

r = − 1

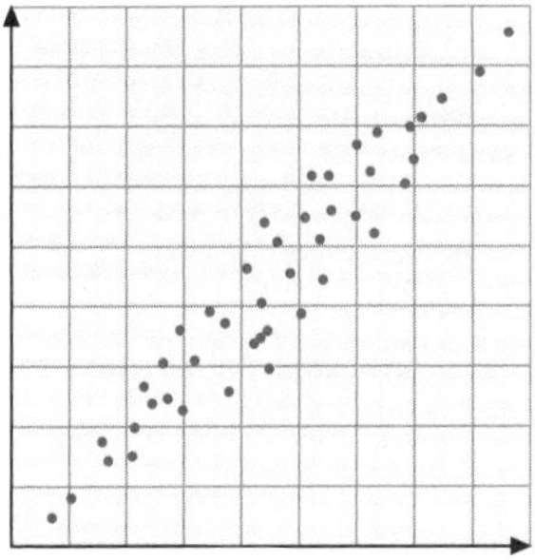

Zusammenhang stark positiv
r > 0, in der Nähe von **+ 1**

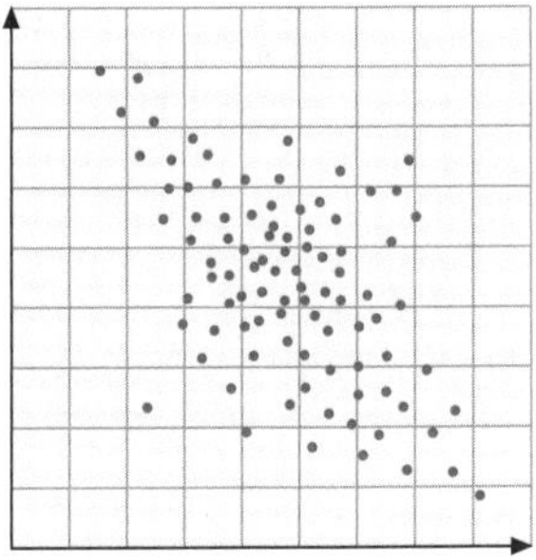

Zusammenhang schwach negativ
r < 0, in der Nähe von **0**

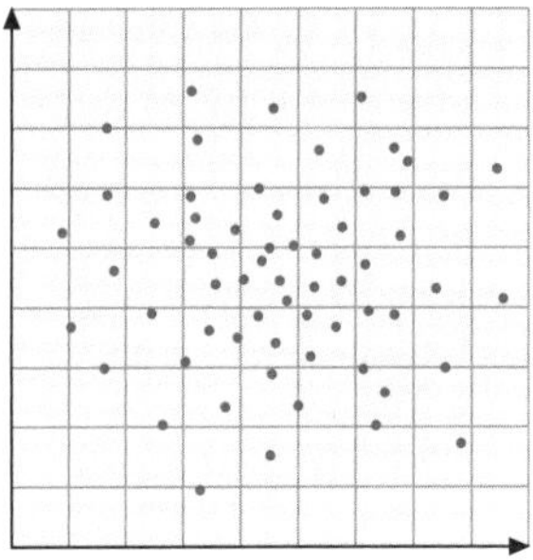

Kein ausgeprägter Zusammenhang erkennbar: **r ≈ 0**

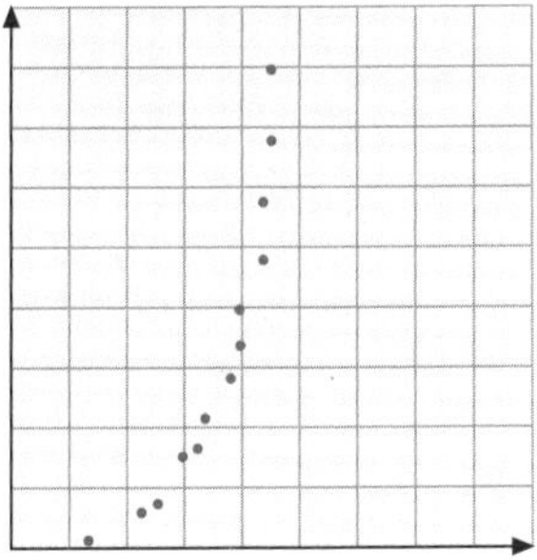

Hier liegt ein quadratischer, jedoch kein linearer Zusammenhang vor: **r ≈ 0**

3 Regression – Abhängigkeit zwischen Merkmalen

In der Korrelationsstatistik wird untersucht, wie stark der Zusammenhang zwischen den Daten (↗ S. 74 ff.) der erhobenen Merkmale ist. Da beide Merkmale dabei als gleichwertige „Partner" angesehen werden, spielt die Frage, in welcher Art und Weise z. B. das eine Merkmal X das andere Merkmal Y „beeinflusst", keine Rolle.
Weiß man nun allerdings oder vermutet dies zumindest, dass z. B. die Ausprägung eines Merkmals Y vom Wert des Merkmals X abhängt, so interessiert man sich im Rahmen der Untersuchungen zur ***Regression*** dafür, wie diese Abhängigkeit zwischen den metrischen Merkmalsausprägungen beschrieben werden kann: Die Aufgabe der Regressionsstatistik besteht somit darin, eine mathematische Funktion zu finden, die es gestattet, eine (gewisse) Vorhersage oder Schätzung des Merkmals Y aus der Kenntnis des Merkmals X zu machen.
Das Merkmal X wird dann als ***unabhängiges Merkmal***, das Merkmal Y als ***abhängiges Merkmal*** bezeichnet.

Beispiel:
Der Lohn Y (abhängiges Merkmal) ist von der Arbeitszeit X (unabhängiges Merkmal) streng abhängig: Beträgt der Stundenlohn z. B. 15 € , so lässt sich aus der Kenntnis der gearbeiteten Stundenzahl x der Lohn y nach der Formel $y = 15\,€ \cdot x$ genau berechnen.

Bei der Anwendung der Regressionsstatistik sind zunächst zwei wichtige Aspekte zu prüfen: Erste grundlegende Voraussetzung für den Einsatz der Regressionsrechnung ist, dass die Daten beider Merkmale mindestens auf Intervallniveau (↗ S. 19) vorliegen und normalverteilt (↗ S. 53) sind. Als zweites wird man überlegen, durch welchen mathematischen Ansatz (lineare Funktion, quadratische Funktion, logarithmische Funktion, …) sich die Abhängigkeit der beiden Merkmale beschreiben lässt.

Die Werte des (abhängigen) Merkmals Y lassen sich dann durch eine Funktion f aus den Werten des (unabhängigen) Merkmals X mit dem Ansatz $y = f(x)$ berechnen. Da noch weitere (Neben-) Merkmale einen Einfluss auf Y haben können, wird der Ansatz erweitert zu $y = f(x) + z(x)$, wobei im Wert von $z(x)$ diese Einflüsse zusammengefasst sind. In der Regressionsrechnung versucht man nun eine solche Funktion f zu finden, für welche die Anteile $z(x)$ möglichst klein werden.

Hier soll das Grundprinzip der Regressionsrechnung anhand einer vermuteten einfachen linearen Abhängigkeit beschrieben werden.

In der Mathematik wird eine lineare Funktion durch folgenden Ansatz beschrieben: $y = m \cdot x + t$.

m ist die Steigung der zugehörigen Geraden. Für $m > 0$ ergibt sich im Koordinatensystem eine steigende Gerade, für $m = 0$ eine horizontale und für $m < 0$ eine fallende Gerade. Weiter gilt für den Zusammenhang mit dem Neigungswinkel α: $m = \tan \alpha$.
t ist der so genannte y-Abschnitt, d. h. die Stelle auf der y-Achse, bei der die Gerade die y-Achse schneidet.

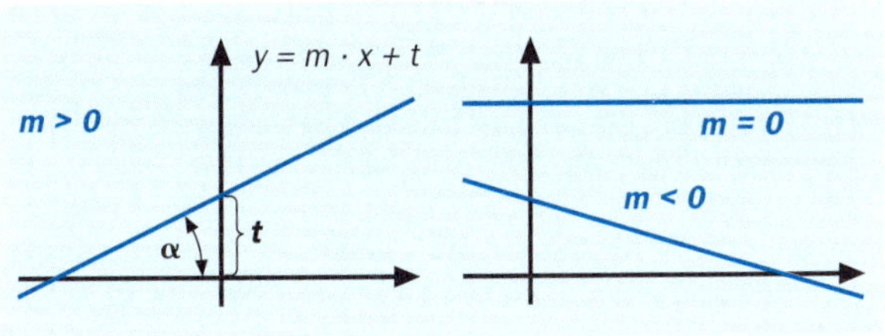

Zur Illustration der weiteren Vorgehensweise wird auf das Beispiel **Alter und Merkfähigkeit** (↗ S. 73) der vorigen Abschnitte zurückgegriffen. Das Alter kann hier als unabhängiges Merkmal, die Gedächtnisleistung als abhängiges Merkmal angesehen werden. Die Datenpaare für die Testpersonen ergaben im Streudiagramm eine Punktwolke, die sich gut entlang einer Geraden anordnet, der Ansatz einer linearen Abhängigkeit erscheint also sinnvoll.

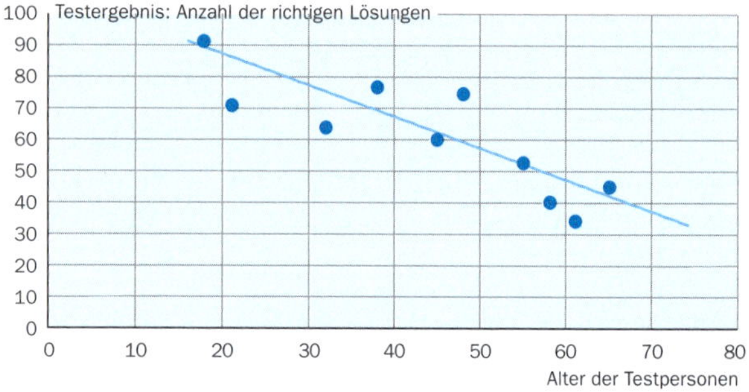

Es muss nun eine lineare ***Regressionsfunktion*** gefunden werden, die für die Werte *y* des Merkmals Y ausgehend von den Werten *x* des Merkmals X optimale Schätzwerte $\hat{y}$ (lies: *y* Dach) ergibt.

Damit deutlich wird, dass mit der ermittelten Regressionsfunktion nur Schätzwerte und nicht die empirisch erhobenen Werte des Merkmals Y berechnet werden, schreibt man für den Ansatz der linearen Regressionsfunktion $\hat{y} = m \cdot x + t$. *Die Differenz* $(y - \hat{y})$ *zwischen dem erhobenen Wert y und dem Schätzwert* $\hat{y}$ *kann z.B. durch Einflüsse anderer Merkmale neben X oder durch Messfehler entstehen.*

Das statistische Verfahren zum Auffinden der optimalen linearen Regressionsfunktion ist die ***Methode der kleinsten Quadrate***: Die Parameter m und t der Regressionsfunktion $\hat{y} = m \cdot x + t$ werden dabei so bestimmt, dass die Summe der Quadrate der Unterschiede $(y - \hat{y})$ zwischen dem tatsächlichen Wert *y* und dem Schätzwert (Funktionswert) $\hat{y}$ minimal wird:
$(y_1 - \hat{y}_1)^2 + (y_2 - \hat{y}_2)^2 + \ldots + (y_n - \hat{y}_n)^2$ soll minimal sein.

Damit wird dann auch die Abweichung der (empirisch erhobenen) Punkte $(x;y)$ von den zugehörigen Punkten $(x;\hat{y})$ der ***Regressionsgeraden*** optimal.

Veranschaulichung im Streudiagramm:

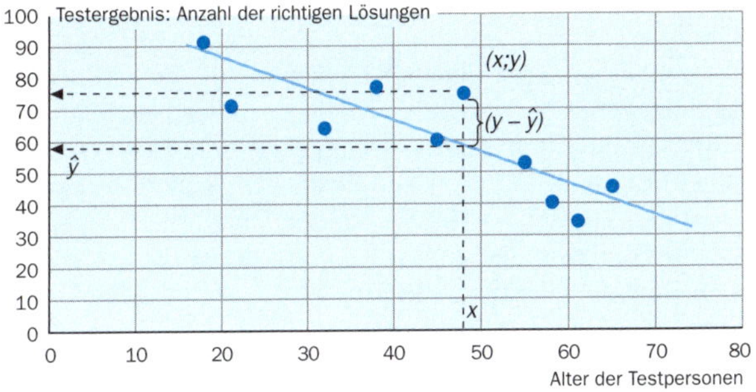

Die Methode der kleinsten Quadrate liefert für die Parameter m und t der Regressionsfunktion $\hat{y} = m \cdot x + t$:

$$m = \frac{n \cdot \sum x_i \cdot y_i - \sum x_i \cdot \sum y_i}{n \cdot \sum x_i^2 - (\sum x_i)^2} \text{ und } t = \overline{y} - m \cdot \overline{x}.$$

Anmerkung zur Formel: Das Zeichen $\sum$ *(Sigma) bedeutet, dass die Summe aus dem nachstehenden Ausdruck über alle Merkmalsträger gebildet werden soll.*
Mit diesen Formeln können m und t aus den erhobenen Daten bestimmt werden. Dabei wird zunächst die Steigung m berechnet und dann im zweiten Schritt der erhaltene Wert vom m in die Formel für den y-Abschnitt t eingesetzt.

Im Beispiel **Alter und Merkfähigkeit** erhält man als Gleichung der Regressionsgeraden: $\hat{y} = -0{,}92 \cdot x + 102{,}7$.
Die Gerade in der obigen Skizze stellt die gesuchte Regressionsgerade dar.
Ausgehend von der vereinfachenden Annahme einer linearen Abhängigkeit zwischen Merkfähigkeit und Alter lassen sich an das Ergebnis folgende Überlegungen anschließen:

Die negative Steigung $m = -0{,}92$ bedeutet, dass die Merkfähigkeit eines Menschen mit zunehmendem Alter nachzulassen scheint.
Für einen 50-Jährigen wäre danach der Schätzwert für die Anzahl der in diesem Test richtig wiedergegebenen Merkaufgaben $\hat{y} = -0{,}92 \cdot 50 + 102{,}7 = 56{,}7 \approx 57$ (von 100 möglichen).
Es ist nicht gestattet und auch nicht sinnvoll, die gefundene Abhängigkeit über den Bereich der erhobenen Daten hinaus fortzusetzen. Eine extreme Überlegung soll dies verdeutlichen: Ein Kind im Alter von einem Jahr könnte demnach $\hat{y} = -0{,}92 \cdot 1 + 102{,}7 = 101{,}8 \approx 102$ Merkaufgaben richtig beantworten, das ist mehr als die Anzahl der vorgelegten 100 Aufgaben (und das auch noch im Alter von einem Jahr!).

Abschließend sei bemerkt, dass man sich in der Regressionsstatistik natürlich darüber bewusst ist, dass durch einen solchen Ansatz, der die Abhängigkeit eines Merkmals auf ein einziges anderes Merkmal reduziert, die Realität erheblich vereinfacht wird und damit auch nicht vollständig erfasst werden kann. Vereinfachende Modellannahmen ermöglichen andererseits immer wieder, bestimmte Zusammenhänge zu erschließen. Aus diesem Spannungsfeld heraus ist es letztendlich daher immer notwendig, die durch statistische Berechnungsverfahren gefundenen Zusammenhänge und Abhängigkeiten auf ihre inhaltliche Bedeutung hin zu überprüfen.

Beispiele aus dem Alltag

1 Die Entwicklung der Weltbevölkerung

Die Verteilung und Entwicklung der Bevölkerung auf der Erde wird im Folgenden in einer Tabelle und dann in verschiedenen Diagrammen angegeben, wobei die Vor- und Nachteile der einzelnen Diagramme genannt werden.

Bevölkerung in Millionen (2050 Schätzung der UNO)

	Jahr			
	1900	**1950**	**2000**	**2050**
Afrika	120	224	800	2000
Asien	940	1402	3684	5428
Australien	6	13	31	47
Europa	400	547	728	603
Nordamerika	100	172	306	438
Südamerika	50	166	518	806
Erde	1616	2524	6067	9322

Will man nur die **Verteilung** der Bevölkerung z. B. für das Jahr 2000 aufzeigen, so eignen sich ***Piktogramme***, ***Rechtecksdiagramme***, ***Kreis-*** oder ***Tortendiagramme*** oder ***Stabdiagramme***.
Will man die **zeitliche Entwicklung** sichtbar machen, eignen sich vertikale oder horizontale ***Stabdiagramme*** oder ***Kurvendiagramme***.
Bei den einzelnen Diagrammen werden die Vor- und Nachteile der Darstellungen erkennbar.

Piktogramm

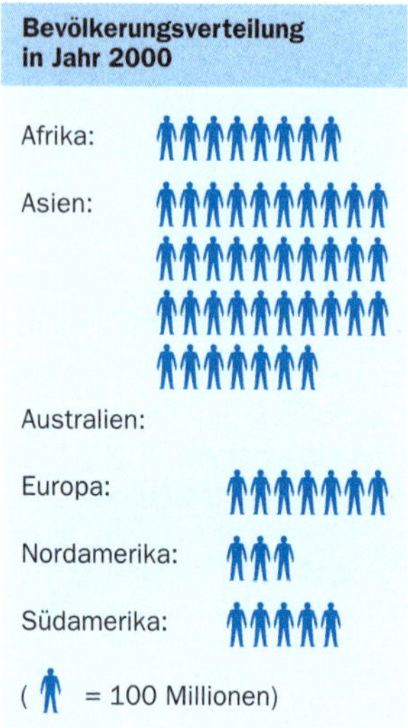

Bei der Einheit von 100 Millionen wird der kleine Wert 30 Millionen für Australien nicht angezeigt. Dieses Piktogramm ist somit zwar übersichtlich, aber sehr ungenau.

Rechtecksdiagramm

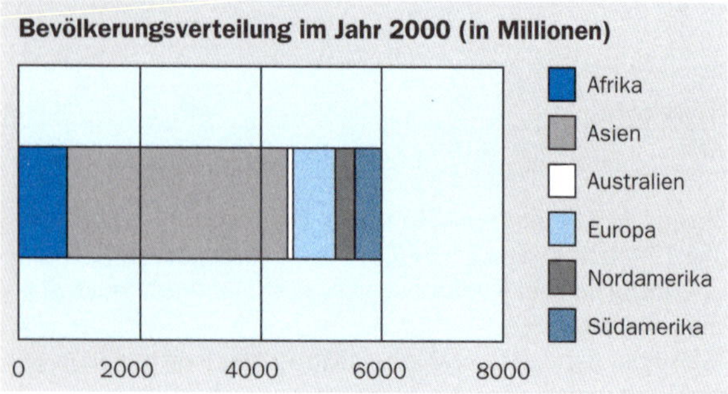

Rechtecksdiagramme sind übersichtlich und man kann Daten relativ genau entnehmen – z. B. durch Abmessen mit einem Lineal.

Kreisdiagramm

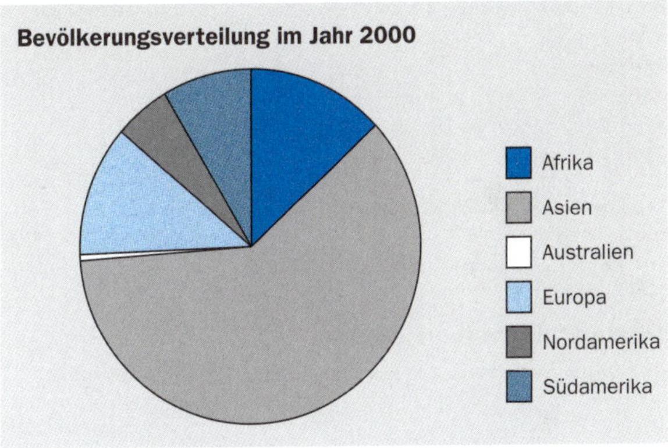

Tortendiagramm

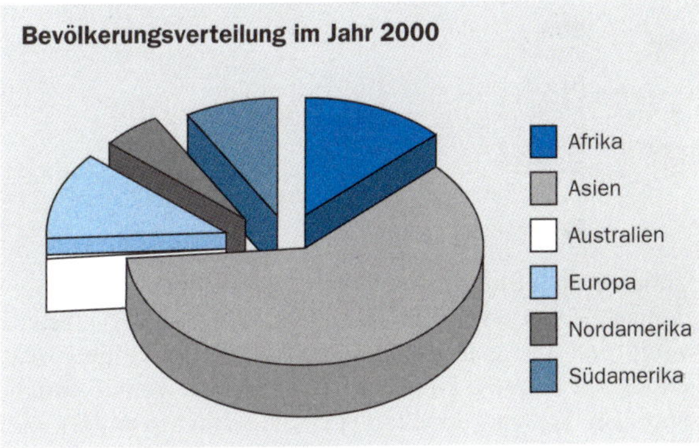

Ein Torten- oder Kreisdiagramm ist sehr anschaulich, eignet sich aber nur für grobe Vergleiche. So ist im Kreisdiagramm kaum zu erkennen, dass die Bevölkerung Afrikas größer ist als die Europas. Im Tortendiagramm ist die Darstellung zudem verzerrt.

Vertikales Stabdiagramm

Bevölkerungsentwicklung in den Jahren 1900 – 2050 (in Millionen)

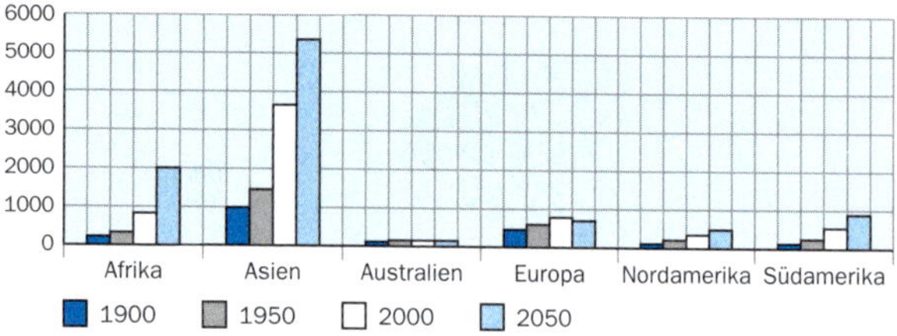

Horizontales Stabdiagramm

Bevölkerungsentwicklung in den Jahren 1900 – 2050 (in Millionen)

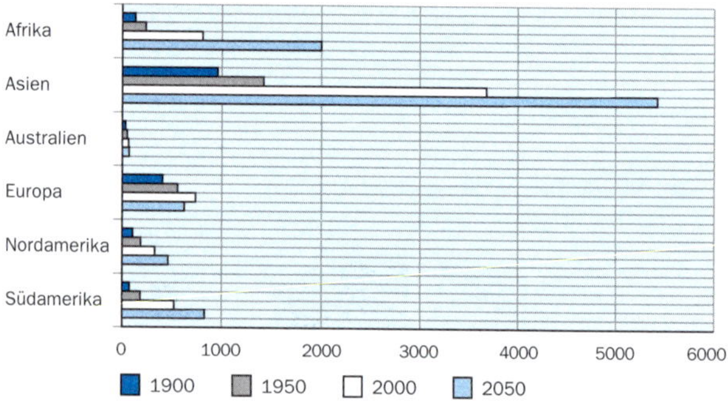

Stabdiagramme sind anschaulich und ermöglichen gut Vergleiche zwischen verschiedenen Werten. Je nach Platzbedarf wählt man die vertikale oder horizontale Darstellung. Aus Säulendiagrammen kann man Daten relativ genau entnehmen. Jede Säulengruppe zeigt hier die zeitliche Entwicklung für einen Kontinent.

Die Bevölkerungsentwicklung ist jeweils gut ablesbar. Man erkennt deutlich, dass die Bevölkerungszahlen in Afrika und Asien stark ansteigen, während die Zunahme in Nordamerika relativ gleichmäßig ist. In Europa nimmt die Bevölkerung nach 2000 ab.

Kurvendiagramm

Bevölkerungswachstum (in Millionen)

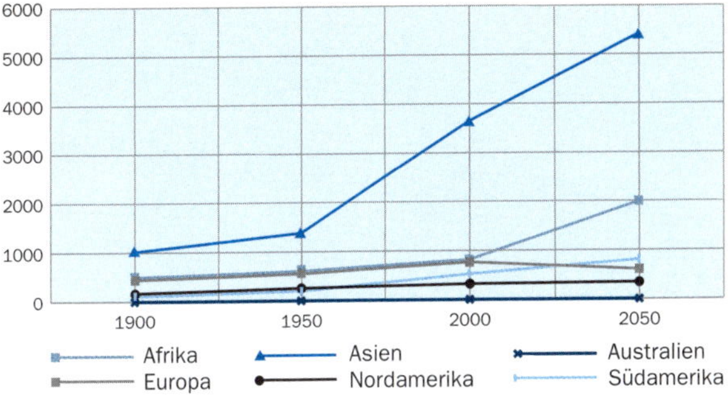

Kurvendiagramme eignen sich besonders zur Veranschaulichung zeitlicher Entwicklungen. Man kann hier deutlich erkennen, dass die Bevölkerung in Australien und Nordamerika einigermaßen gleichmäßig zunimmt, während die Bevölkerungszahlen in Afrika und Asien sehr stark ansteigen. Auch einzelne Werte lassen sich aus dem Diagramm gut entnehmen.

Unter der Annahme einer zeitlinearen Veränderung lassen sich hier auch Näherungswerte für beliebige Zeitpunkte zwischen den Messzeitpunkten angeben. Z. B. betrug die Bevölkerungszahl in Asien um 1975 ungefähr 2,5 Milliarden.

2 Bevölkerungspyramide

Für die graphische Darstellung der Häufigkeiten der einzelnen Altersklassen der in einem Land zu einem bestimmten Zeitpunkt lebenden Bevölkerung wird meist folgende Form gewählt: Links und rechts von der vertikalen Alters-Achse werden entlang der horizontalen Achse die Häufigkeiten für die Männer bzw. für die Frauen getrennt voneinander abgetragen. Diese Darstellung wird häufig auch als ***„Bevölkerungs-“*** oder ***„Alterspyramide“*** bezeichnet.

Altersaufbau der Bevölkerung Deutschlands am 31. 12. 1999

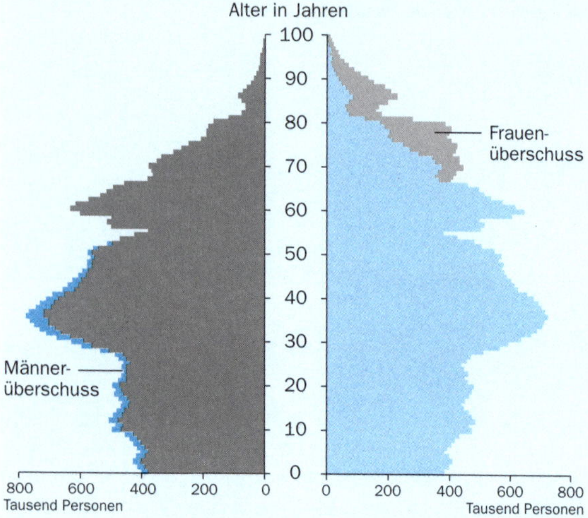

(Quelle: Statistisches Bundesamt)

Bei einem Blick auf den Altersaufbau der Bevölkerung Deutschlands am 31.12.1999 wirkt diese Bezeichnung zunächst unverständlich. Die Form entspricht so gar nicht dem gewohnten Bild einer Pyramide.

Betrachtet man allerdings den Altersaufbau der deutschen Bevölkerung am 01.12.1910, so wird die Namensgebung nachvollziehbar. In der Bezeichnung „Bevölkerungspyramide“ kommt auch die Vorstellung zum Ausdruck, dass durch eine entsprechende Anzahl von Geburten sich die Bevölkerung immer wieder „von unten her“ regeneriert, dass wie bei einer Menschenpyramide genügend „junge“ Menschen in der Bevölkerung vorhanden sind, die die „älteren“ Menschen – insbesondere die nicht mehr erwerbstätigen – „mittragen“.

Altersaufbau der Bevölkerung Deutschlands am 01. 12. 1910

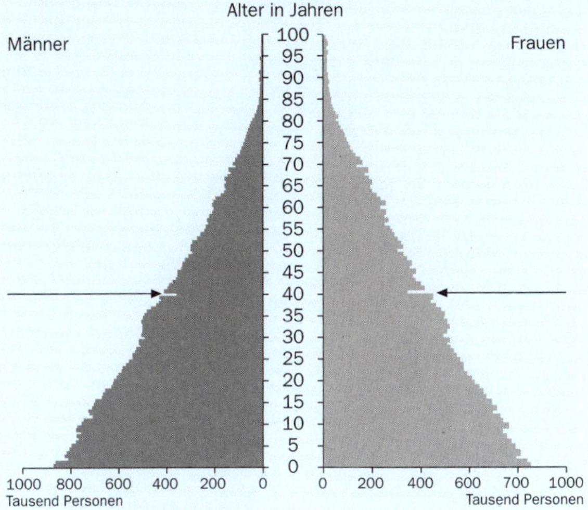

(Quelle: Statistisches Bundesamt)

Wodurch entsteht nun eine so zerklüftete Form der Altersverteilung im Jahr 1999?
Ein Blick auf die jeweils betroffenen Alterklassen und die zum Zeitpunkt der Geburt dieser Personen vorliegenden Bedingungen zeigt den Einfluss der politischen und wirtschaftlichen Verhältnisse auf die Altersstruktur der Bevölkerung eines Landes. Bereits in der Bevölkerungspyramide von 1910 ist eine kleine Einbuchtung bei den ca. 40-Jährigen zu sehen (Markierung durch Pfeile) – eine Folge des Geburtenausfalls im Zusammenhang mit dem deutsch-französischen Krieg in den Jahren 1870/71.

An der Alterverteilung des Jahres 1950 (↗ S. 98)kann man die die im Wortsinn „einschneidenden“ Ereignisse der ersten Hälfte des 20. Jahrhunderts nachvollziehen:

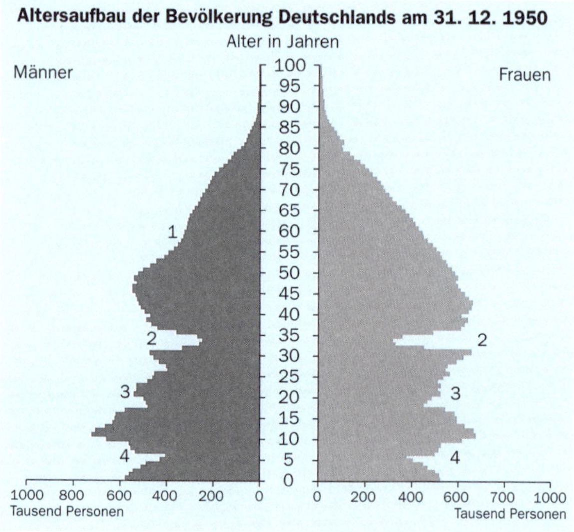

Die in der Bevölkerungspyramide mit Ziffern markierten Stellen lassen sich so erklären:

1 Diese Eindellung steht für die Verluste in der männlichen Bevölkerung während des 1. Weltkriegs (1914–1918).

2 Hier macht sich der durch den 1. Weltkrieg bedingte Geburtenausfall bemerkbar.

3 Kennzeichen der wirtschaftlichen Krisen in den 20er Jahren des 20. Jahrhunderts und der Verluste durch den 2. Weltkrieg (1939–1945).

4 Weniger Geburten durch den 2. Weltkrieg, anschließend wieder Zunahme der Geburtenzahlen.

Einen Blick in die Zukunft zeigt die erwartete Altersstruktur für das Jahr 2050. Im Vergleich zu 1999 fällt auf, dass …

… die Häufigkeiten bei den Altersklassen in den jüngeren Jahrgängen immer kleiner werden. Die Geburtenzahlen werden also in den nächsten Jahren weiter abnehmen.

… es deutlich mehr ältere Menschen über 65 Jahre geben wird als heute, aber auch weniger junge Menschen als heute. Daraus können sich Schwierigkeiten für die Altersversorgung ergeben.

… mehr Menschen ein hohes Alter erreichen werden. Gründe hierfür sind z.B. eine bessere medizinische Versorgung oder eine bessere Ernährung als früher.

Altersaufbau der Bevölkerung Deutschlands am 01. 01. 1999 und am 01. 01. 2050

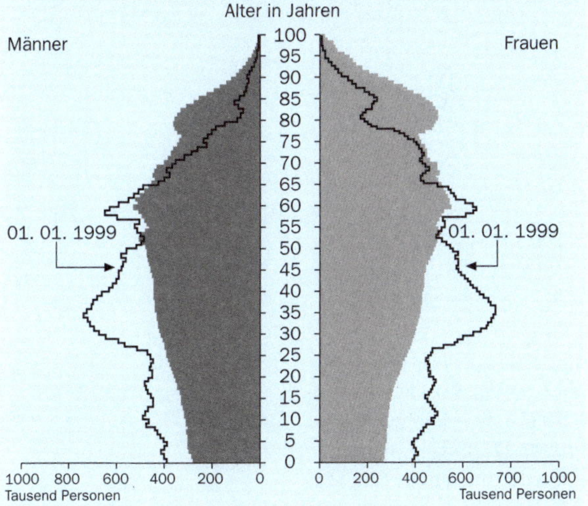

(Quelle: Statistisches Bundesamt)

Diese Altersverteilung nach immer weiter zurückgehenden Geburtenzahlen hat nun jegliche Ähnlichkeit mit einer Pyramide verloren, aufgrund der Umrissfigur spricht man hier von einer „Urnenform“.

Wie man sehen konnte, geben Statistiken einen tiefen Einblick über Zusammenhänge des alltäglichen Lebens.

3 Notenverteilung

Obwohl die Berechnung des arithmetischen Mittels und der Standardabweichung metrische Daten voraussetzt, die mindestens einer Intervallskala (↗ S. 17) genügen, werden im Alltag solche Berechnungen oft bei Daten durchgeführt, die nur Ordinalniveau haben. Ein typisches Beispiel dafür soll im Folgenden betrachtet werden: die Berechnung von Notendurchschnitten in der Schule.

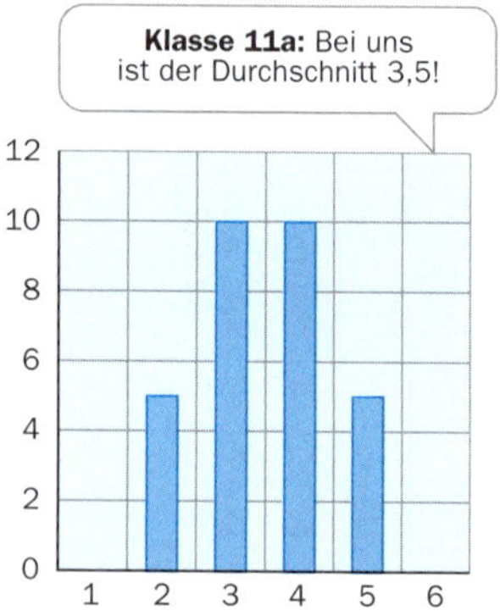

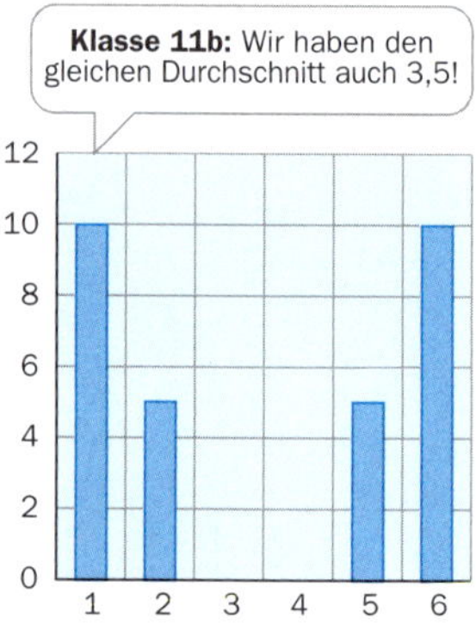

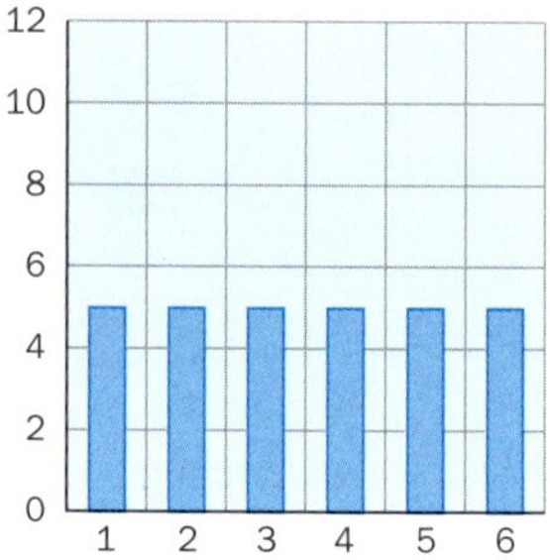

Klasse 11c

Tatsächlich ergibt sich in beiden Klassen mit jeweils 30 Schülern der gleiche ***Mittelwert***: Durchschnittsnote 3,5. Allerdings unterscheiden sich die Verteilungen deutlich in ihrer Streuung:
In der 11 a beträgt die Standardabweichung 0,95,
in der 11 b ist sie 2,2.
Und auch die Klasse 11c hat einen Notendurchschnitt von 3,5 bei einer mittleren Standardabweichung von 1,7.

Die Beispiele zeigen deutlich, dass die Kenntnis des Mittelwerts nicht ausreicht, um eine Verteilung ausreichend zu beschreiben.

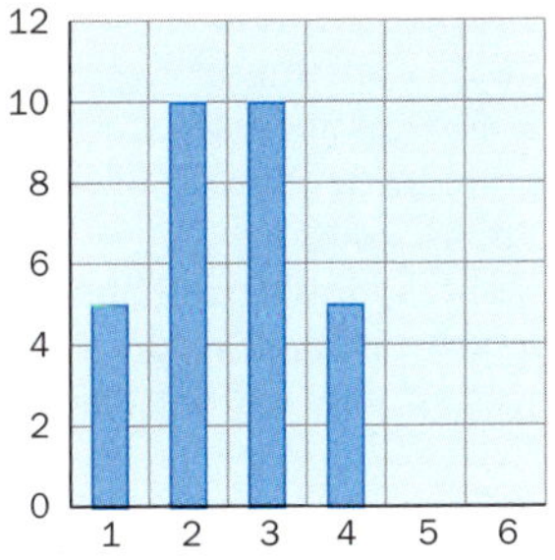

Genauso würde die Angabe der ***Streuung*** für die Beschreibung einer Verteilung alleine auch nicht ausreichen:
In der rechten Spalte zeigen die Stabdiagramme der drei Notenverteilungen alle das gleiche Aussehen. In allen Fällen ist die Streuung der Noten um den Mittelwert gleich. Die Standardabweichung beträgt stets 0,95.
Allerdings unterscheiden sich die Verteilungen, wenn man ihre Mittelwerte betrachtet: Die Durchschnittsnoten betragen von oben nach unten 2,5; 3,5 und 4,5.

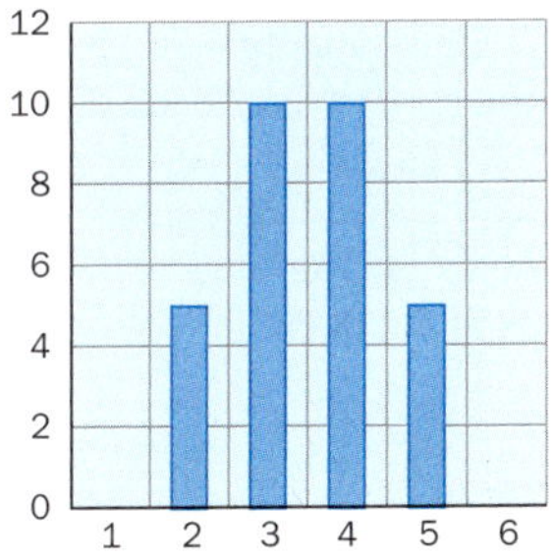

Auch die Angabe der Streuung alleine sagt zu wenig über eine Verteilung aus. Um eine Verteilung durch ihre Kennwerte ausreichend zu beschreiben, ist also stets die Angabe des Mittelwerts zusammen mit der Standardabweichung als Maß für die Streuung notwendig.

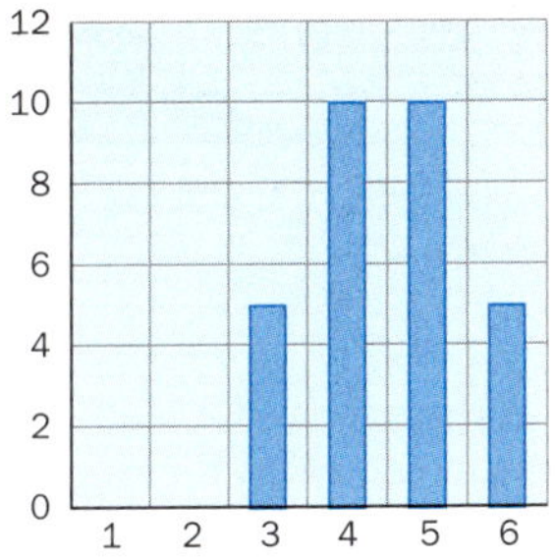

4 Besser als der Durchschnitt?

„Wie schätzen Sie ihre Intelligenz ein?" – „Wie gut fahren Sie Auto?" – Bei solchen Befragungen werden sich, auch aus Eitelkeit, mehr als die Hälfte der Befragten besser als der Durchschnitt einschätzen. Es stellt sich natürlich die Frage, ob es denn überhaupt möglich sein kann, dass mehr als die Hälfte (d. h. über 50 %) der Grundgesamtheit besser als der Durchschnitt ist.

Damit die Problemstellung beantwortet werden kann, muss zunächst geklärt werden, wie die jeweilige Eigenschaft „gemessen" wird und wie dann der Begriff „Durchschnitt" definiert ist.

Überdurchschnittliche Intelligenz?

Intelligenz wird mit Hilfe von standardisierten Tests erfasst, die Problemaufgaben, Wissensfragen u. Ä. enthalten. Das Testergebnis wird dann durch den so genannten Intelligenzquotienten (IQ) ausgedrückt. Die Tests sind dabei so angelegt, dass die Ergebnisse eine so genannte Normalverteilung mit dem Erwartungswert (Mittelwert) 100 und der Standardabweichung von 15 darstellen.

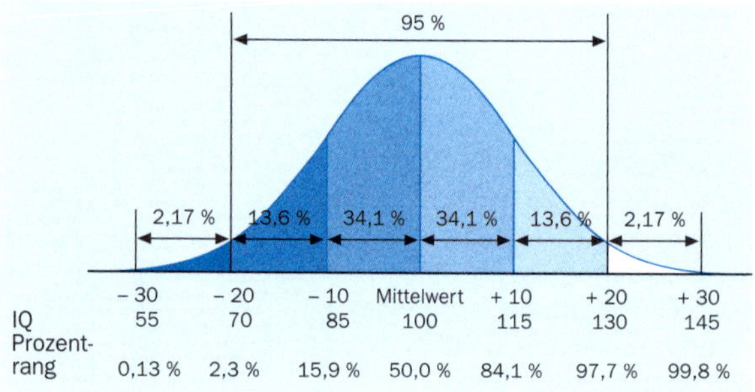

Der Prozentrang (↗ S. 40) gibt an, welcher Anteil der Grundgesamtheit einen IQ bis zu dem darüber notierten IQ-Wert hat.

Die IQ-Verteilung ist symmetrisch zum Wert 100, der als Durchschnittswert gilt. Die Anzahl der Menschen mit einem IQ über dem Durchschnitt 100 ist somit genauso groß wie die Anzahl der Menschen mit unterdurchschnittlichem IQ. Aufgrund der Eigenschaften der IQ-Verteilung kann also nur die Hälfte der Grundgesamtheit besser als der Durchschnitt sein, einige der Befragten schätzen sich also fälschlich zu gut ein.

Mehr überdurchschnittlich gute Autofahrer?

Kann man hier ebenfalls davon ausgehen, dass die Befragten ihre Fähigkeiten überschätzen?
Als Maß für die Qualität des Autofahrens kann die Anzahl der verursachten Unfälle herangezogen werden. Eine statistische Erhebung, z. B. an 1000 Autofahrern, ergibt folgende Werte:

Fahrer	1	2	3	4	5	6	…	1000
Anzahl der Unfälle	0	3	1	0	2	8	…	1

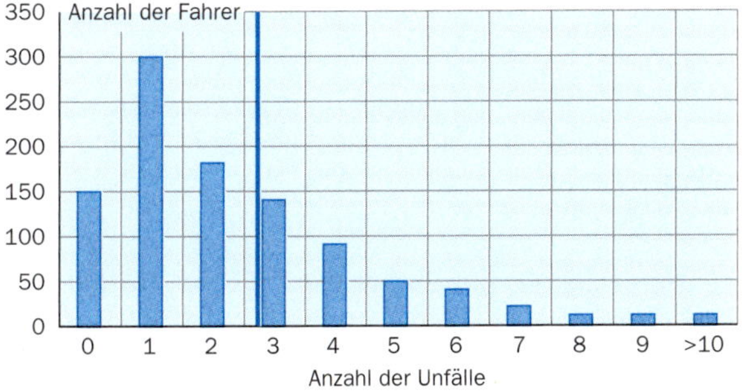

Die Anzahl der Unfälle ist nicht symmetrisch um den Mittelwert – die durchschnittliche Unfallzahl – verteilt, da einige sehr unsichere Autofahrer in sehr viele Unfälle verwickelt waren und viele sichere Fahrer in sehr wenige. Damit wird auch verständlich, dass wirklich über 50 % der Autofahrer „besser als der Durchschnitt“ sein können.

5 Augensumme beim Würfeln

Bei manchen Würfelspielen wird mit zwei Würfeln gewürfelt und die Augensumme gebildet. Die Abbildung zeigt alle möglichen Ergebnisse:

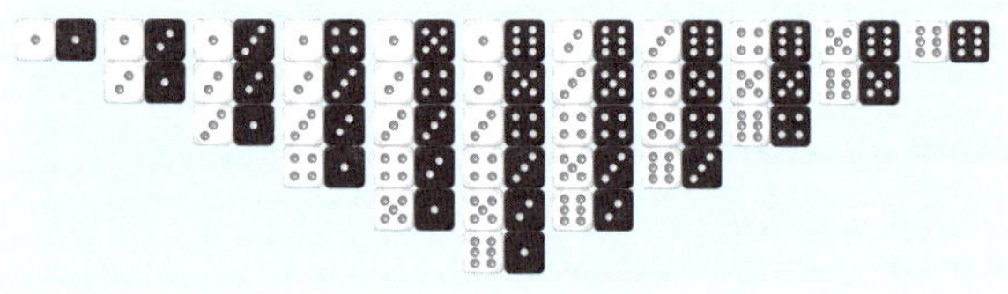

50 Würfe zweier Würfel liefern folgende Urliste für die Augensumme:

6	7	8	10	10	5	3	7	6	5
5	9	6	10	7	8	11	5	10	4
6	8	11	3	10	8	7	6	3	6
7	7	6	8	7	5	5	9	4	8
6	5	10	9	4	11	8	9	7	3

Die Urliste enthält alle möglichen Ergebnisse außer 2 und 12. Also traten die Würfe 2-mal eine Eins (↗ Abb. oben links) und 2-mal eine Sechs (↗ Abb. oben rechts) bei diesen 50 Würfen nicht auf.

Als ***Merkmalsträger*** *treten hier Würfe mit zwei Würfeln auf. Sie bilden die* ***Grundgesamtheit****. Das interessierende* ***Merkmal*** *ist die geworfene Augensumme. Als* ***Merkmalsausprägungen*** *treten die Werte 2 bis 12 auf. Zur mathematischen Beschreibung verwendet man die* ***Wahrscheinlichkeitsverteilung*** *einer* ***Zufallsgröße*** *X, die dieses Merkmal der Grundgesamtheit wiedergibt. Die* ***Stichprobe*** *vom Umfang 50 besteht hier aus 50 Würfen mit diesen zwei Würfeln. Als voneinander unabhängige Realisierungen* $x_1, x_2, \ldots, x_{50}$ *von X treten 50 Zahlen auf, die die Werte 2, 3, 4, … , 12 annehmen können. Beispielsweise ist der* ***Stichprobenwert*** x_3 *die beim 3. Würfelwurf geworfene Augensumme 8.*

Einen guten ersten Überblick liefert die Häufigkeitsverteilung im Stabdiagramm:

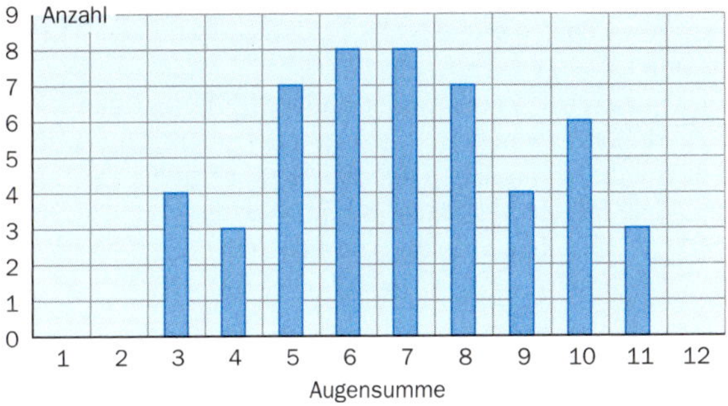

Wenn man mit zwei fairen Würfeln spielt und sehr häufig würfelt, erwartet man im Mittel die Augensumme 7.
Die Statistiker sagen: „Der ***Erwartungswert*** μ der Augensumme zweier idealer Würfel ist 7.“

Die Zufallsgröße X, die Augensumme beim Wurf zweier fairer Würfel, kann die elf Werte $x_1 = 2, x_2 = 3, \ldots, x_{11} = 12$ annehmen.
Die Wahrscheinlichkeiten $P(X=x_i)$ für die jeweiligen Augensummen x_i für $i = 1, \ldots, 11$ folgen aus der Abbildung der möglichen Ergebnisse (↗ S. 104) und sind in der folgenden Tabelle angegeben:

Augensummen und ihre Wahrscheinlichkeiten:

2	3	4	5	6	7	8	9	10	11	12
$\frac{1}{36}$	$\frac{2}{36}$	$\frac{3}{36}$	$\frac{4}{36}$	$\frac{5}{36}$	$\frac{6}{36}$	$\frac{5}{36}$	$\frac{4}{36}$	$\frac{3}{36}$	$\frac{2}{36}$	$\frac{1}{36}$

Den Erwartungswert μ der Zufallsgröße X berechnet man so:

$$\mu = x_1 \cdot P(X = x_1) + x_2 \cdot P(X = x_2) + \ldots + x_{11} \cdot P(X = x_{11})$$

$$= 2 \cdot \frac{1}{36} + 3 \cdot \frac{2}{36} + 4 \cdot \frac{3}{36} + \ldots + 12 \cdot \frac{1}{36} = \frac{252}{36} = 7$$

Das Stichprobenmittel von 6,96 für die beiden Würfel in diesem Test stimmt sehr gut mit dem Erwartungswert 7 für die Augensumme zweier idealer Würfel überein. Dies ist ein erstes Anzeichen dafür, dass die beiden verwendeten Würfel fair sind.
Den Mittelwert 7 für die Augensumme würde man allerdings auch erhalten, wenn man mit zwei ideal gezinkten Würfeln spielen würde, von denen der eine immer Augenzahl 1 und der andere immer Augenzahl 6 beim Werfen zeigt. Die Häufigkeitsverteilung würde dann so aussehen:

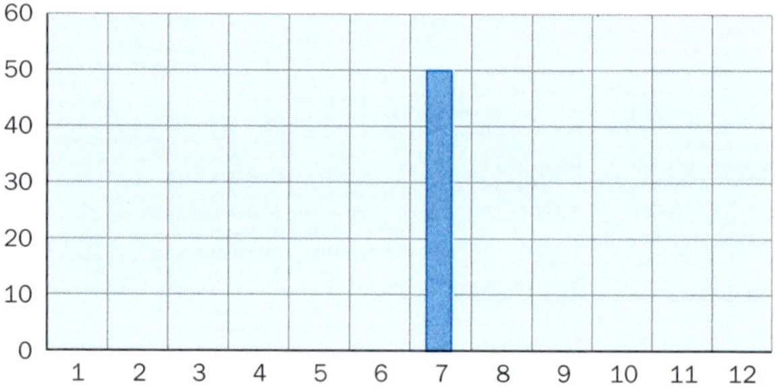

Der Mittelwert allein gibt also nur eine erste sehr grobe Information über die untersuchten Objekte.

Wenn man die Abbildung aller möglichen Ergebnisse für die Augensumme zweier Würfel betrachtet (↗ S. 104), erkennt man, dass für ideale Würfel bei sehr großer Stichprobe eine eingipflige und symmetrische Verteilung auftreten müsste. Die reale Verteilung ist nicht symmetrisch. Ist die Abweichung von der Symmetrie bei der Verteilung der vorliegenden Stichprobenwerte nun zufällig entstanden? Würde also bei einer wesentlich größeren Anzahl von Würfen die zugehörige Verteilung eine symmetrischere Form annehmen?
Zur weiteren Beurteilung der Verteilung eignen sich Streumaße (↗ S. 40), die ***Stichprobenvarianz*** s^2 und die ***Stichprobenstandardabweichung s.***

Für die gegebene Verteilung erhält man:
$s^2 = 5{,}0384$ und $s = 2{,}2446$.
Die Berechnung für ideale Würfel liefert folgende Werte:
Varianz $\sigma^2 \approx 5{,}8333$; **Standardabweichung** $\sqrt{\sigma^2} \approx 2{,}4152$.

Die Varianz und die Standardabweichung der Zufallsgröße X berechnet man unter Verwendung des Erwartungswertes μ (↗ S. 48) so:

$$\sigma^2 = (x_1 - \mu)^2 \cdot P(X = x_1) + \ldots + (x_{11} - \mu)^2 \cdot P(X = x_{11}) =$$
$$(2-7)^2 \cdot \frac{1}{36} + \ldots + (12-7)^2 \cdot \frac{1}{36} = \frac{210}{36} \approx 5{,}8333$$
$$\sigma = \sqrt{\sigma^2} \approx 2{,}4152$$

Die Streumaße weichen stärker (13,6 % bzw. 7 %) vom Ideal ab als das Zentralmaß (< 1 %), was aufgrund des geringen Stichprobenumfangs auch zu erwarten ist.

6 Besser gefüttert?

In der Praxis sind häufig **Tests** erforderlich, mit denen überprüft werden soll, ob ein neues Produkt (Mittel, Gerät, usw.) besser ist als das alte Produkt. Im Beispiel „Besser gefüttert?“ (↗ S. 48) geht es um ein neues Futtermittel, das zu größeren Gewichtszunahmen führen soll.
In solchen Fällen geht man von der konservativen Einschätzung aus, dass das neue Produkt nicht besser ist als das alte, und erhält für den Test die **Hypothese**:
Das neue Produkt ist nicht besser. ($p \leqq 50\,\%$)
Als **Testgröße** nimmt man die Differenzen der Gewichtszunahmen eines Tieres der Gruppe 2 im Vergleich zu einem Tier der Gruppe 1. Der Stichprobenumfang ist: n = 30.

Gewichtszunahmen bzw. Differenzen in Kilogramm:

1. Gruppe	53	45	46	33	46	45	54	29	46	28
2. Gruppe	55	36	47	28	51	48	63	27	43	32
Differenz	2	-9	1	-5	5	3	9	-2	-3	4

1. Gruppe	33	46	29	31	46	51	54	39	46	38
2. Gruppe	45	38	37	25	51	44	55	32	38	43
Differenz	8	-8	6	-6	5	7	1	-7	-8	5

1. Gruppe	47	52	36	33	46	48	54	29	47	38
2. Gruppe	53	46	37	29	51	45	63	28	43	41
Differenz	6	-6	1	-4	5	-3	9	-1	-4	3

Hierbei bedeutet das Minuszeichen bei der Differenz, dass bei den Vergleichstieren mit dem alten Mittel eine größere Gewichtszunahme erzielt wurde als mit dem neuen.
Verwendet man für den Test nur das Vorzeichen der Differenz (+ größere Gewichtszunahme durch das neue Futtermittel, – geringere Gewichtszunahme durch das neue Futtermittel), so müssten bei dem ***Signifikanzniveau*** 5 % mindestens 20 positive Differenzen auftreten, um das neue Futtermittel als ***signifikant*** besser als das alte beurteilen zu können. Da bei der vorliegenden Untersuchung nur in 17 von 30 Fällen eine größere Zunahme des Gewichts durch das neue Futtermittel festgestellt wurde, kann man die Hypothese des Tests („Das neue Produkt ist nicht besser") also nicht zurückweisen.
Betrachtet man die Häufigkeitsverteilung der Gewichtsdifferenzen in einer graphischen Darstellung und die zugehörigen Kennwerte, so kann man dieses Testergebnis bereits voraussehen: Der Mittelwert beträgt nur 0,5 bei einer relativ großen Standardabweichung von 5,5.

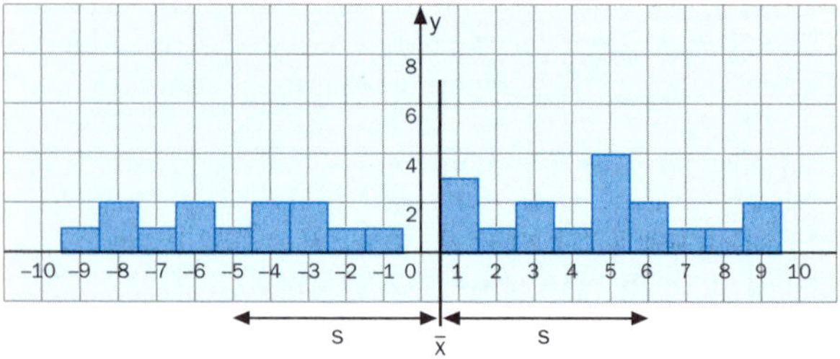

7 BENFORDS Gesetz

Eine Methode der Steuerfahndung beruht auf der Entdeckung von Simon NEWCOMB (1835–1909), dass die Anfangsziffern 1 bis 9 von ganzen Zahlen keineswegs gleich häufig vorkommen. Am häufigsten ist die Anfangsziffer 1, am zweithäufigsten die Anfangsziffer 2, usw. bis zur kleinsten Häufigkeit für die Anfangsziffer 9. (Die Ziffer 0 kann nicht am Beginn einer ganzen Zahl stehen.)
NEWCOMB veröffentlichte 1881 eine Berechnungsformel für die Wahrscheinlichkeit, dass eine Zahl mit einer bestimmten Ziffer beginnt. Die Formel fand jedoch keine Beachtung und wurde vergessen. 1938 wurde sie durch den amerikanischen Physiker Frank BENFORD (1883–1948) noch einmal entdeckt und heißt nach ihm ***BENFORDS Gesetz***:

Für die Wahrscheinlichkeit $p(k)$, dass eine Zahl mit der Ziffer k beginnt, gilt $p(k) = \log_{10} \frac{k+1}{k}$ $(k = 1, \ldots, 9)$.

Tabelle und Diagramm für die Wahrscheinlichkeiten $p(k)$:

Ziffer	Wahrscheinlichkeit p(k)
1	$p(1) = \log_{10} 2 = 0{,}301030 \approx 30{,}1\ \%$
2	$p(2) = \log_{10} \frac{3}{2} = 0{,}176091 \approx 17{,}6\ \%$
3	$p(3) = \log_{10} \frac{4}{3} = 0{,}124939 \approx 12{,}5\ \%$
4	$p(4) = \log_{10} \frac{5}{4} = 0{,}096910 \approx 9{,}7\ \%$
5	$p(5) = \log_{10} \frac{6}{5} = 0{,}079181 \approx 7{,}9\ \%$
6	$p(6) = \log_{10} \frac{7}{6} = 0{,}066947 \approx 6{,}7\ \%$
7	$p(7) = \log_{10} \frac{8}{7} = 0{,}057992 \approx 5{,}8\ \%$
8	$p(8) = \log_{10} \frac{9}{8} = 0{,}051153 \approx 5{,}1\ \%$
9	$p(9) = \log_{10} \frac{10}{9} = 0{,}045757 \approx 4{,}6\ \%$

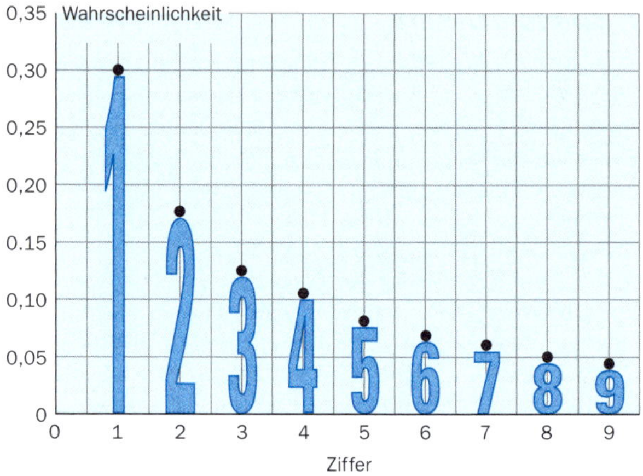

Diese Verteilung für die Anfangsziffern von Zahlen hat BENFORD an vielen praktischen Beispielen überprüft: Er wertete die Flächenangaben von Flüssen, Statistiken der US-Baseball-Liga, die Länge von Abwasserkanälen, Zahlen aus Zeitungsartikeln und vieles mehr aus und fand eine gute Übereinstimmung mit der Berechnungsformel. Die relative Häufigkeit einer Anfangsziffer gilt dabei als Maß für die Wahrscheinlichkeit des Auftretens dieser Ziffer.

BENFORDS Gesetz über die Anfangsziffern ist immer dann erfüllt, wenn eine große Menge von „natürlich" entstandenen Zahlenangaben vorliegt: z. B. bei Maßangaben von Längen und Flächen, bei Angaben über ein Bakterienwachstum, bei Dateigrößen im PC und eben auch bei den Angaben in einer Bilanz oder Steuererklärung.

Und deshalb hilft BENFORDS Gesetz, Zahlenmanipulationen aufzudecken: Bei gefälschten Angaben treten deutliche Abweichungen von der „gesetzmäßigen" Verteilung auf, Manipulateure scheinen dabei als Anfangsziffern vor allem die „in der Mitte" liegenden Ziffern zu bevorzugen:

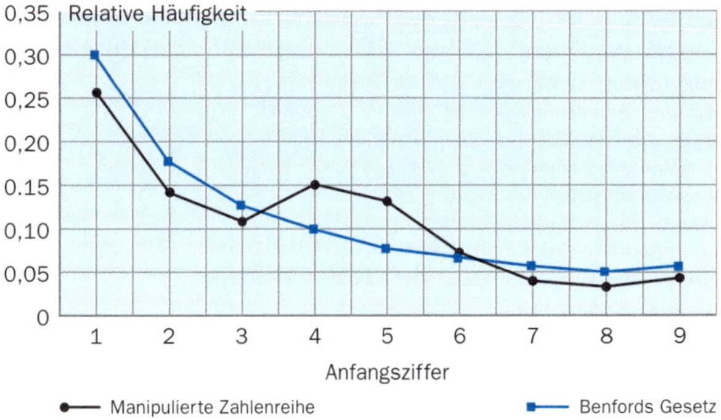

Mittels Computerprogrammen lassen sich große Mengen von Zahlenangaben schnell überprüfen – und so kommt man mit Hilfe der Mathematik Fälschern auf die Spur.

8 Statistik und Verschlüsselung

Die Verschlüsselung von Texten mit geheimen Botschaften beschäftigt die Menschen schon seitdem die ersten Schriften entwickelt wurden. Ein einfaches Chiffrier-Verfahren geht auf Julius Caesar (100–44 v.Chr.) zurück, der vertrauliche Mitteilungen bei seinen Feldzügen und auch vor seinen politischen Gegnern in Rom geheim halten wollte: Er ersetzte jeden Buchstaben des Ausgangstextes (auch Klartext genannt) durch denjenigen Buchstaben, der im Alphabet drei Stellen weiter steht.
Insgesamt gibt es bei dieser so genannten ***Caesar-Verschlüsselung*** 25 verschiedene Möglichkeiten einen Text zu codieren. Zum Ver- und Entschlüsseln einer Nachricht vereinbaren Sender und Empfänger eine Zahl zwischen 1 und 25, um die das Chiffrier-Alphabet gegenüber dem richtigen Alphabet verschoben ist. Zur praktischen Durchführung werden das richtige Alphabet und das Chiffrier-Alphabet übereinander geschrieben. Der Sender der Botschaft ersetzt dann jeden Buchstaben des Klartextes durch den darunter

stehenden Buchstaben des Chiffrier-Alphabets. Der Empfänger verwendet zur Entzifferung der Botschaft die Codierung in umgekehrter Reihenfolge.

Beispiel: Caesar-Verschlüsselung mit Verschiebung um 3 Stellen:
A B C D E F G H I J K L M N O P Q R S T U V W X Y Z
D E F G H I J K L M N O P Q R S T U V W X Y Z A B C
Klartext: ICH KOMME HEUTE ABEND
Geheimtext: LFK NRPPH KHXWH DEHQG

Allerdings ist diese Codierung durch eine Alphabet-Verschiebung nicht sehr sicher – ein „Spion" muss ja nur 25 Möglichkeiten ausprobieren, um den richtigen Text zu finden. Eine Verbesserung der Geheimhaltung wird erzielt, indem man im Chiffrier-Alphabet beliebige Umstellungen der Buchstaben zulässt: Dadurch erhält man $26! \approx 4 \cdot 10^{26}$ Möglichkeiten zur Verschlüsselung.

Die Schreibweise n! (lies: n Fakultät) ist eine Abkürzung für das Produkt aller natürlichen Zahlen von 1 bis n:
$n! = 1 \cdot 2 \cdot 3 \cdot \ldots \cdot n$

Beispiele:
$1! = 1$, $2! = 1 \cdot 2 = 2$, $3! = 1 \cdot 2 \cdot 3 = 6$, $4! = 1 \cdot 2 \cdot 3 \cdot 4 = 24$

Beispiel:
A B C D E F G H I J K L M N O P Q R S T U V W X Y Z
K R P W T O M Q E Y A Z I J N C B U V L H G F D X S
Klartext: ICH KOMME HEUTE ABEND
Geheimtext: EPQ ANIIT ATHLT KRTJW

Zunächst scheint dieses Verfahren sicher, denn die Überprüfung aller $4 \cdot 10^{26}$ Möglichkeiten würde um ein Vielfaches länger dauern als das bisherige Alter des Universums. Hier kommt die rettende Idee aus der Statistik: Die Buchstaben kommen ja in einem Text nicht gleich häufig vor, sodass eine Analyse der auftretenden ***Buchstabenhäufigkeiten*** in einem Text Hinweise auf die Verschlüsselung liefern kann.

Buchstabenhäufigkeiten des Alphabets in deutschen Texten: (nach A. BEUTELSPACHER: Kryptologie. Braunschweig 1993)

Buchstabe	Häufigkeit in %	Buchstabe	Häufigkeit in %	Buchstabe	Häufigkeit in %
A	6,51	J	0,27	S	7,27
B	1,89	K	1,21	T	6,15
C	3,06	L	3,44	U	4,35
D	5,08	M	2,53	V	0,67
E	17,40	N	9,78	W	1,89
F	1,66	O	2,51	X	0,03
G	3,01	P	0,79	Y	0,04
H	4,76	Q	0,02	Z	1,13
I	7,55	R	7,00		

Die Wirksamkeit dieses Verfahrens soll in einem Experiment demonstriert werden: Es wird gezählt, wie oft jeder Buchstabe in diesem Kasten vorkommt. Umlaute werden dabei aufgelöst, z. B. wird ö als oe gewertet. Die berechneten Buchstabenhäufigkeiten für diesen Abschnitt werden im folgenden Stabdiagramm mit den Häufigkeiten der obigen Tabelle verglichen:

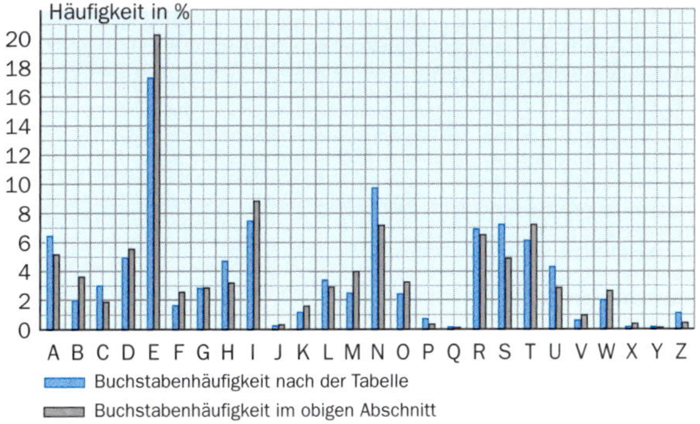

Die beiden Häufigkeitsverteilungen stimmen natürlich nicht vollkommen überein. Ein Vergleich zeigt jedoch, dass charakteristische Merkmale in beiden Verteilungen auftreten: Das ausgeprägte Maximum beim E, die Täler bei J, P, Q, X und Y. Es genügt also bereits ein relativ kurzer Abschnitt – hier 305 Buchstaben, um aus der Häufigkeitsverteilung der Buchstaben eines verschlüsselten Textes erste Lösungshinweise für dessen Decodierung zu erhalten – eine Caesar-Verschlüsselung wäre damit sofort geknackt.
Anmerkung: Moderne Codierungen, z. B. nach dem Data Encryption Standard (DES), sind wesentlich komplexer angelegt und deshalb natürlich auch viel sicherer.

9 Statistik und Manipulation

In Diskussionen, in der Politik, in Berichterstattungen usw. werden häufig die Ergebnisse statistischer Untersuchungen als Argumentationshilfen herangezogen: Sie sollen die Unterstützung der eigenen Meinung durch eine Mehrheit unterstreichen, die Visualisierungen durch Diagramme werden dabei plakativ genutzt. Doch sind die Ergebnisse von Statistiken auch oft umstritten, da nicht immer klar wird, aufgrund welcher Fragestellungen, bei welcher Grundgesamtheit und welcher Stichprobe die Untersuchung durchgeführt worden ist. Der englische Politiker Winston CHURCHILL (1874–1965) soll seine Skepsis gegenüber Statistiken so geäußert haben: „Ich traue nur den Statistiken, die ich selber gefälscht habe."
Es gibt tatsächlich viele Möglichkeiten, bei Statistiken zu manipulieren, einige Beispiele sollen dies illustrieren und darauf aufmerksam machen, dass Statistiken immer sorgfältig „gelesen" werden müssen.

Rundung

Rundungen sind sinnvoll, damit die Zahlenwerte überschaubar werden. Die letzte angegebene Stelle einer gerundeten Zahl signalisiert dabei auch die Genauigkeit einer Messung:

so bedeutet die Angabe 1,5 km, dass auf 0,1 km genau gemessen wurde.
Welche Bedeutung hat dann die Angabe „0 % Cadmium“ bei einer Batterie? Sicher nicht, dass „0 Cadmium“ also wirklich „nichts“ von diesem giftigen Schwermetall in der Batterie enthalten ist. Die Angabe „0 %“ lässt zu, dass jeder Prozentsatz unter 0,5 % zutreffen kann.

Ganz genau

Auf der anderen Seite sind auch ungerundete, scheinbar genaue Zahlenangaben nicht sinnvoll. Die Aussage, dass im Jahr 2000 in Deutschland 4.717.586 Kinder unter sechs Jahren gelebt haben, ist einfach nicht sinnvoll. Diese Aussage trifft schließlich nur für einen ganz bestimmten Zeitpunkt innerhalb eines Jahres zu. Im Lauf des gesamten Jahres kamen in diese Altersgruppe Kinder durch Geburten dazu, andere Kinder verließen durch Erreichen des 6. Geburtstags die Altersgruppe. Hier könnte eine gerundete Angabe z. B. 4,7 Millionen Kinder den Sachverhalt ausreichend beschreiben.

Falsche oder zu kleine Stichprobe

> „Europa ist fußballverrückt! Für 90 % ist Fußball der Lieblingssport“.

Da bei dieser Zeitungsmeldung keine Angaben über die Stichprobe gemacht werden, ist Vorsicht geboten! Die „Erhebung“ könnte ja auch so stattgefunden haben:
10 Personen werden vor dem Betreten eines Fußballstadions nach ihrer Lieblingssportart gefragt. Bis auf eine Person geben alle „Fußball“ an – und schon „stimmt“ die Zahlenangabe in der Zeitungsmeldung.
Allerdings ist dabei die gezogene Verallgemeinerung von der „Stichprobe“ auf die Gesamtheit aus mehreren Gründen nicht erlaubt. Die Stichprobengröße ist völlig unzureichend,

die erhaltene Datenmenge dadurch zu klein, sodass das Ergebnis als wenig zuverlässig angesehen werden muss. Weiter wurden wichtige Bedingungen für eine Stichprobenauswahl (↗ S. 9) nicht beachtet.

Diagramme aufmerksam lesen

Auch wenn die Daten richtig erhoben worden sind, kann durch eine „geeignete" graphische Darstellung die Interpretation noch beeinflusst werden.

Beispiel:
Die Entwicklung des monatlichen Taschengelds

bei Florian:

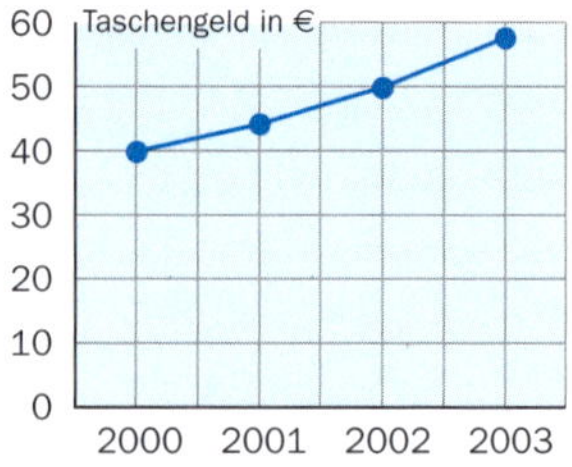

bei Anne:

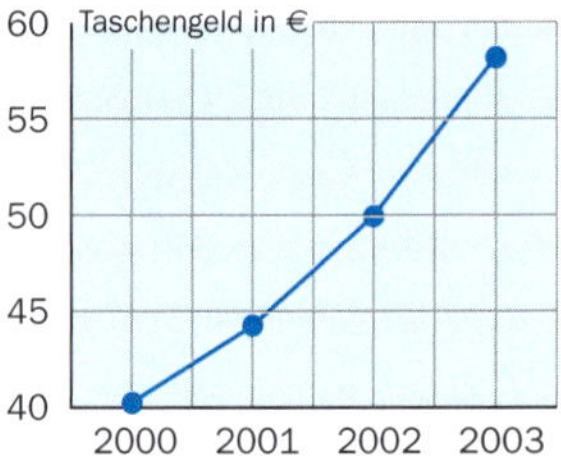

bei Eva:

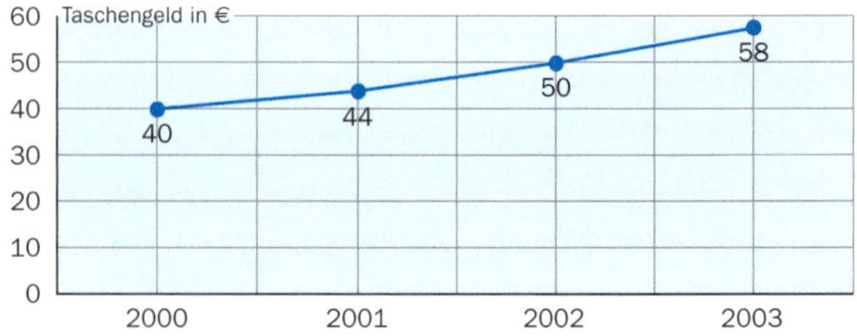

„Auf den ersten Blick" scheint sich „offensichtlich" für Anne die finanzielle Lage am besten entwickelt zu haben und bei Eva war der Taschengeldzuwachs anscheinend eher spärlich.

Eine genauer Blick zeigt aber, dass für alle drei die gleiche Datentabelle zutrifft:

2000	40 €
2001	44 €
2002	50 €
2003	58 €

Beim Lesen von Diagrammen muss also unbedingt die Achseneinteilung und Achsenbeschriftung beachtet werden. Vorsicht ist vor allem dann geboten, wenn die Achsen sich nicht beim Wert Null schneiden (Annes Diagramm).
Auch falsche bildliche Veranschaulichungen sind Ausgangspunkte für Fehlinterpretationen: Das Taschengeld wird hier durch Münzstapel illustriert:

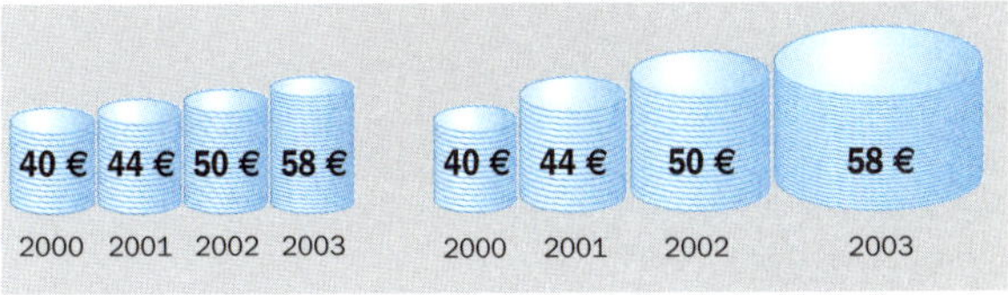

Während das linke Bild noch den Taschengeldzuwachs als Vergrößerung der Stapelhöhe richtig darstellt, wird im rechten Bild sowohl die Höhe der Stapel als auch die Münzgröße verändert – sodass der letzte Stapel gegenüber dem ersten Stapel ein viel zu großes Volumen besitzt: Der Zuwachs an Taschengeld wird hier völlig falsch durch die Vergrößerung der Münzmaße in allen drei Dimensionen illustriert.

Zeitliche Entwicklungen

Graphische Darstellungen von Zahlenwerten in Abhängigkeit von der Zeit wirken immer sehr suggestiv. Aufgrund des folgenden Beispieldiagramms über die jährlichen Gewinne einer Firma kann man sich das Auf und Ab dieses Betriebes gut vorstellen.

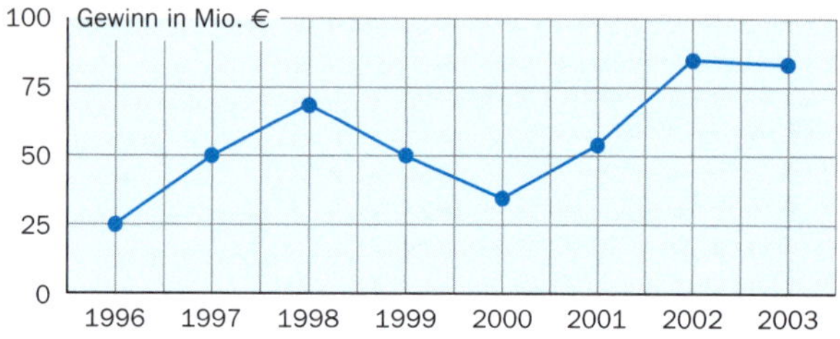

Unseriös ist es, wenn solche Diagramme nur unvollständig gezeigt werden – vielleicht sogar ohne Zeitangaben, um eine bestimmte Argumentation zu „belegen“:

„Es wird deutlich, dass die Firmenleitung versagt!“

„Die Firma wird hervorragend geleitet!“

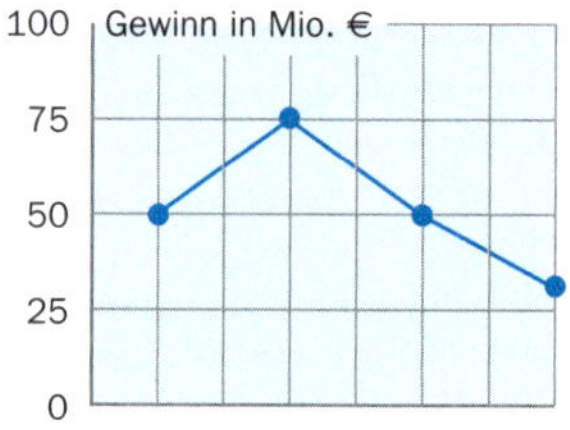

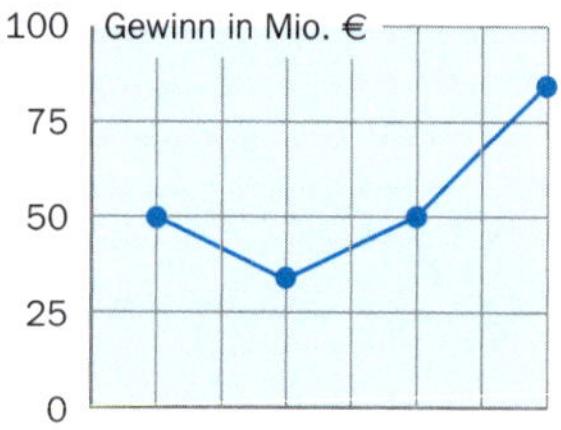

Problematisch ist es auch, bei Daten, deren zeitliche Entwicklung keiner bestimmten Gesetzmäßigkeit unterliegt, eine ***Extrapolation***, d. h. eine Schätzung der zukünftigen Entwicklung vorzunehmen:

„Im nächsten Jahr werden die Firmengewinne noch einmal enorm steigen!“

Kein noch so dicker Pfeil ist eine Garantie dafür, dass diese Entwicklung eintritt, wie ein Blick auf das erste Diagramm zeigt.

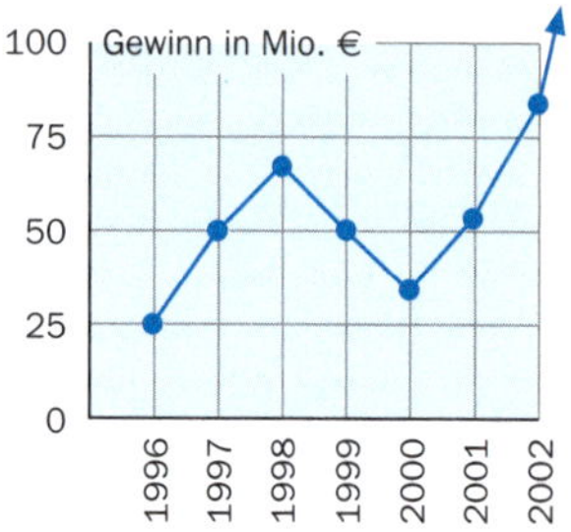

Zusammenfassung: Die Beispiele zeigen, dass unvollständige Informationen und plakative Darstellungen einer statistischen Untersuchung mit Vorsicht betrachtet werden müssen. Für eine genaue Beurteilung einer Statistik ist es deshalb unbedingt notwendig, neben Kurzinformationen über die Ergebnisse weitere Daten, die Rahmenbedingungen der Erhebung und vor allem die Quelle dieser Statistik zu kennen.
Statt wie Churchill könnte man sich dann besser äußern: „Ich traue nur den Statistiken, die ich selber gefälscht habe."

▶ S. 122

Tabellen, Tafeln, Tricks

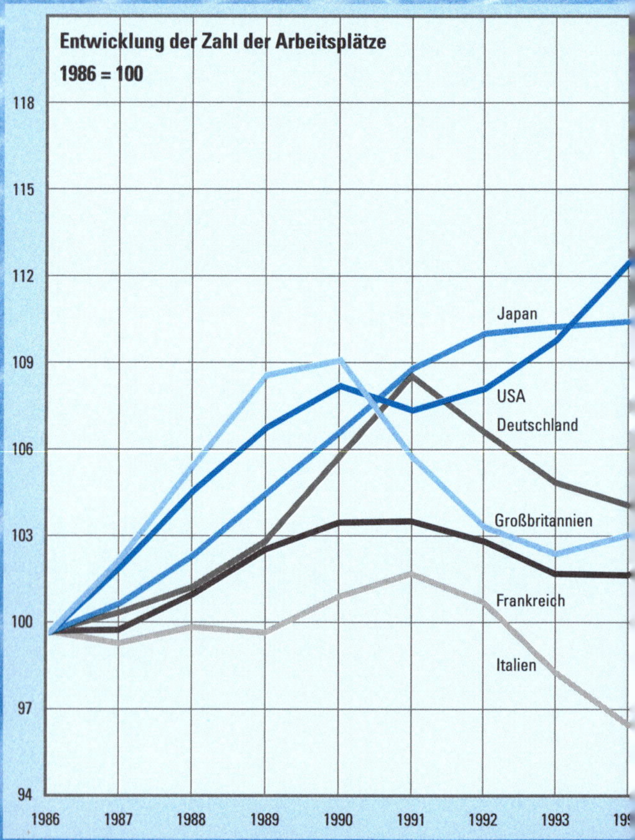

Oder: Wie man mit Statistiken manipulieren kann

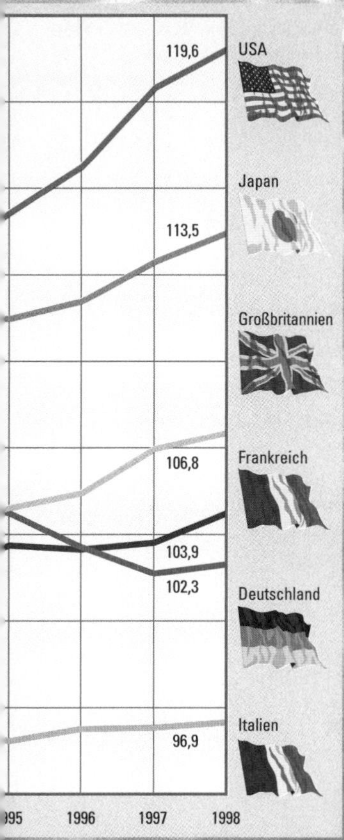

Von Winston Churchill stammt der berühmt-berüchtigte Satz: „Ich traue nur den Statistiken, die ich selber gefälscht habe." Die Grafik zeigt die Entwicklung der Arbeitsgesellschaft in den wichtigsten Industrieländern der letzten 15 Jahre.
Mit einem Blick wird deutlich, dass die USA der Gewinner dieses Vergleiches sind, denn in keinem anderen Land sind auch nur annähernd so viele neue Arbeitsplätze entstanden!
Was die Grafik aber unterschlägt, ist die Qualität der Arbeitsplätze. Parallel zum Abbau der Arbeitslosenzahlen entstand nämlich in des USA das Problem der „working poor". Denn die meisten der neu entstandenen Jobs werden so schlecht bezahlt, dass ein Arbeitsplatz zum Lebensunterhalt oft gar nicht mehr ausreicht. Viele Amerikaner sind daher gezwungen, zwei oder mehr Jobs nebeneinander anzunehmen, um das Existenzminimum für die eigene Familie und sich zu sichern.

Die in diesem Werk angegebenen Internetadressen haben wir überprüft (Redaktionsschluss 1.2.03). Dennoch können wir nicht ausschließen, dass unter einer solchen Adresse inzwischen ein ganz anderer Inhalt angeboten wird.

Amtliche Statistik

- Statistisches Bundesamt
  www.destatis.de
- Statistische Ämter
  www.destatis.de/allg/d/link/link981.htm
- Bundesanstalt für Arbeit
  www.arbeitsamt.de/hst/services/statistik/
- Bundesinstitut für Bevölkerungsforschung
  www.bib-demographie.de
- Statistische Jahrbücher
  Statistische Jahrbücher werden regelmäßig von den statistischen Ämtern der Länder herausgegeben.

Nichtamtliche Statistik

- Arbeitgeber- und Arbeitnehmerorganisationen
  www.dgb.de
- Industrie- und Handelskammern
  www.ihk.de
- Markt- und Meinungsforschungsinstitute
  www.forsa.de
  www.emnid.de
  www.ifd-allensbach.de
- Wirtschaftwissenschaftliche Forschungsinstitute
  - Deutsches Institut für Wirtschaftsforschung
    www.diw.de
  - Institut für Wirtschaftsforschung
    www.ifo.de

– Institut für Wirtschaftsforschung Halle (Saale)
  www.iwh.uni-halle.de

Internationale Organisationen

- United Nations
  www.uno.de
  www.unog.ch/
- EU
  www.europa.eu.int/eurostat.html
  www.eu-datashop.de
- andere
  www.destatis.de/allg/d/link/link982.htm

Übersicht: Statistik im Internet

- Projekt e-stat
  www.emilea.de

Stichwortverzeichnis